中国清洁发展机制基金赠款项目"地方科技系统干部队伍应对气候变化教材编写与培训"（编号：2013049）资助

地方科技系统应对气候变化能力建设丛书之二

应对高温极端天气事件 对策与案例研究

中国 21 世纪议程管理中心　编著

·北京·

图书在版编目（CIP）数据

应对高温极端天气事件对策与案例研究/中国21世纪议程管理中心编著.—北京：科学技术文献出版社，2017.7（2019.1重印）

ISBN 978-7-5189-2923-8

Ⅰ.①应… Ⅱ.①中… Ⅲ.①高温—气象灾害—研究 Ⅳ.① P429

中国版本图书馆 CIP 数据核字（2017）第 166468 号

应对高温极端天气事件对策与案例研究

策划编辑：李　蕊　　责任编辑：张　红　责任校对：张吲哚责任出版：张志平

出 版 者	科学技术文献出版社	
地 址	北京市复兴路15号　　邮编　100038	
编 务 部	(010) 58882938，58882087（传真）	
发 行 部	(010) 58882868，58882870（传真）	
邮 购 部	(010) 58882873	
官 方 网 址	www.stdp.com.cn	
发 行 者	科学技术文献出版社发行　全国各地新华书店经销	
印 刷 者	北京虎彩文化传播有限公司	
版 次	2017 年 7 月第 1 版　2019 年 1 月第 2 次印刷	
开 本	710×1000　1/16	
字 数	161千	
印 张	9.75　彩插 6 面	
书 号	ISBN 978-7-5189-2923-8	
定 价	46.00元	

编委会

前　言

中国对气候变化问题给予了高度重视，成立了国家气候变化对策协调机构，并根据国家可持续发展战略的要求，采取了一系列与应对气候变化相关的政策和措施，为减缓和适应气候变化做出了积极的贡献。中国地方政府和相关管理部门也非常重视应对气候变化、突发性灾害应急管理等规划方案的制定，并在温室气体减排、突发性灾害应对和灾害应急平台建设等方面取得了一些积极成果。但从总体来看，中国地方政府应对气候变化的意识和能力仍然薄弱，横向联动机制尚不健全，相关管理部门的资源有待整合，综合管理能力难以实现持续提升，这些都成为制约国家应对气候变化目标实现的瓶颈性问题。为此，亟须尽早在地方层面开展应对气候变化能力建设与示范，加快地方科技系统干部队伍应对气候变化教材编写，加强地方政府应对气候变化培训，切实提高地方政府应对气候变化、灾害防御和管理能力。

当前国内应对气候变化的相关培训还比较零散，系统性不够强，尚缺乏具有专业针对性的教材。因此，为加强地方各级干部队伍应对气候变化能力建设，适应国家应对气候变化工作最新需求，非常有必要编写立足于国内应对工作具体问题并涉及国际前沿的教程。在此基础上，对各地方科技系统干部队伍进行系列培训，从而增强领导干部应对气候变化的认识和决策能力。

近年来，随着全球气候变化加剧及城市化的快速发展，高温极端天气事件发生频次明显增加。高温极端天气带来的影响人体健康、能源消耗剧增等问题日趋严重，城市重要基础设施与生命线工程也面临越来越大的压力。本教材作为地方科技系统干部队伍应对气候变化系列培训教材之一，阐述了高温极端天气产生的原因、演变机制、应对方法等方面的内容。教材由中国 21 世纪议程管理中心联合华中科技大学和华北电力大学等单位的人员具体承办。经历 1 年多时间，经过各章作者的反复修改和审稿专家的精心指正，通过各方的通力合作，终于完成了本书。

《应对高温极端天气事件对策与案例研究》全面介绍了高温极端天气应急管理知识，适用于各地方干部队伍的培训，同时也可作地方干部学习环保知识的阅读材料。本教材重点讨论了高温极端天气的基本概念和发生原因，以及高温极端天气演变机制与风险识别、应急响应体系的相关问题。主要内容包括：全球温暖化趋势、城市高温化现象、城市高温化的形成机制、高温极端天气事件的演变机制和风险识别、应对高温极端天气事件的应急响应体系、应对极端高温天气事件的重要基础设施策略、应对极端高温事件的城市生命线工程策略、应对城市极端高温天气事件的预警方法研究——以武汉为例。

希望《应对高温极端天气事件对策与案例研究》教材有助于中国地方科技系统干部队伍素质的提高，帮助地方科技系统干部担当起新形势下的使命和责任。本书在编撰过程中难免出现相关疏漏，敬请读者批评指正，帮助教材的进一步修订和完善。

编者

2017 年 6 月

目 录

第一章　全球温暖化趋势

　　各种现象都显示全球正在变暖。美国国家大气研究中心的科学家在《学科新知》杂志上连续发表两篇论文，从不同角度预测了全球气候变暖的趋势。

　　联合国政府间气候变化专门委员会（IPCC）的研究表明，从 1861 年开始，地球气候的变化趋势即为变暖，从那时起，地球表面的平均温度大约升高了 0.6℃，误差是 ±0.2℃（图 1-1）。在全球范围中，20 世纪 90 年代是最热的 10 年，其中 1998 年是最热的 1 年。

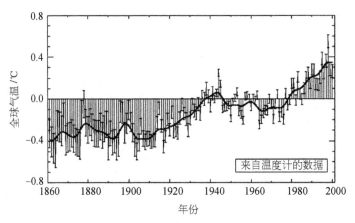

图 1-1　1860 年以来全球气温的变化

　　如书末彩图 1-2 所示，下一个 100 年气温仍将升高。图中右侧显示的是各模型预测的不确定范围。据魏格雷预测，到 2400 年，已存在于大气中的温室气体成分，将至少使全球平均气温升高 1℃；而不断新排放的温室气体，又将导致全球平均气温额外升高 2 ～ 6℃ [1]。

1.1　全球温暖化的概念

　　全球变暖主要是指在一段时间内，由人为因素造成的地球大气和海洋温度上升的现象。目前世界范围内认可的原因主要是温室气体排放过多所造成的[2]。

工业革命后，随着人类活动，特别是消耗的化石燃料（煤炭、石油等）的不断增长和森林植被的大量破坏，人为排放的二氧化碳等温室气体不断增长，致使全球平均温度逐渐上升。由于这些温室气体对来自太阳辐射的可见光具有高度的透过性，而对地球反射出来的长波辐射具有高度的吸收性，也就是通常说的"温室效应"，导致全球气候变暖。全球变暖的后果，会使全球降水量重新分配、冰川和冻土消融、海平面上升等，既危害自然生态系统的平衡，更威胁到人类的食物供应和居住环境[3]。

1.2 全球温暖化的主要影响

全球温暖化对自然和人类已经产生了广泛的影响。其中，自然界相对于人类而言，受全球温暖化影响的证据最为有力和全面，同时人类受到的某些影响也可以归因于全球温暖化。

1.2.1 对人体健康的影响

全球温暖化导致某些区域与炎热有关的死亡率增加，而与寒冷有关的死亡率下降；导致部分地区夏天出现超高温，心脏病及引发的各种呼吸系统疾病每年都会夺去很多人的生命，其中又以新生儿和老人的危险性最大；导致臭氧浓度增加，低空中的臭氧是非常危险的污染物，会破坏人的肺部组织，引发哮喘或其他肺病；全球气候变暖还会造成某些传染性疾病的传播。某些地区气温和降雨的变化已经改变了一些水源性疾病和疾病虫媒的分布。哈佛大学新病和复发病研究所的保罗注意到，随着山峦顶峰的变暖，海拔较高处的环境也越来越利于蚊子和它们所携带的疟原虫这样的微生物生存。西尼罗病毒、疟疾、黄热病等热带传染病自 1987 年以来在美国的佛罗里达、密西西比、得克萨斯、亚利桑那、加利福尼亚和科罗拉多等地相继爆发，一再证实了专家们关于气候变暖导致一些热带疾病将向较冷的地区传播的科学推断[3]。

1.2.2 对环境资源的影响

（1）水资源

受全球温暖化的影响，降水变化和冰雪消融使得全球许多地区的水文系统正在发生改变，并已经影响到水量和水质；许多区域冰川持续退缩，影响到下游的径流和水资源供应；使高纬度地区和高海拔山区的多年冻土层融化。对全世界200条大河的径流量观测显示，有 1/3 的河流径流量发生趋势性的变化，并且以径流量减少为主，导致水资源越来越匮乏，这就要求我们在做任何事的时候都要考虑水资源的节约及再利用。

（2）农业资源

全球温暖化对农作物的产量有利有弊，但总体来看不利影响比有利影响更为显著。不同区域、不同作物受全球温暖化影响程度也有差异。小麦和玉米产量所受到的不利影响要高于水稻和大豆等作物。极端气候事件可导致粮食作物的歉收，从而引发农产品价格的上涨和粮食安全问题。

1.2.3　对其他生物的影响

全球温暖化已经导致某些生物物种的数量、活动范围、习性及迁徙模式等发生变化，影响和破坏了生物链、食物链，带来更为严重的自然恶果。例如，有一种候鸟，每年从澳大利亚飞到中国东北过夏天，但由于全球气候变暖使中国东北气温升高，夏天延长，这种鸟离开东北的时间相应变迟，再次回到东北的时间也相应延后。结果导致这种候鸟所吃的一种害虫泛滥成灾，毁坏了大片森林。据有关评估结果表明，植物随雪线而移动，全世界山峰上的植物都在上移，1982—2008 年北半球生长季的开始日期平均提前了 5.4 天，而结束日期推迟了 6.6 天；2000—2009 年全球陆地生产力较工业化前增加了约 5%，相当于每年增加 26 亿吨陆地碳汇（主要是指森林、草原、农田净吸收并储存大气中二氧化碳的数量）。部分区域的陆地物种每 10 年极地和高海拔地分别平均推移 17km 和 11m。另外，有关环境的极端事件增加，如干旱、洪水、雾霾、高温等。

1.3　全球温暖化的成因

1.3.1　温室气体排放

人口的剧增是导致全球变暖的主要因素之一。自 1750 年以来，大气中的二氧化碳浓度上升了 31%，人类排放的二氧化碳中，75% 是由于燃烧化石燃料（煤、石油）造成的。甲烷在过去 150 年里的浓度上升了 10 亿分之 1060，并且仍然在增加。这其中，大约一半以上的甲烷是人工排放的。N_2O 的浓度则上升了 10 亿分之 46[4]。CO_2、甲烷、N_2O 等是公认的最主要的温室气体。人类活动排放大量的温室气体，导致大气污染严重，必将减少到达地面的太阳辐射量。例如，从工厂、发电站、汽车、家庭取暖设备向大气中排放的大量烟尘微粒，使空气变得非常浑浊，遮挡了阳光，使得到达地面的太阳辐射量减少，但地表受热后向外放出的大量长波热辐射却被大气吸收，就产生了"温室效应"[5]，直接影响着地球表面气候变化。

1.3.2　大气环境污染因素

目前，环境污染的日趋严重已经成为全球性重大问题，同时也是导致全球变暖的主要因素之一。据观测统计，在大工业城市烟雾不散的日子里，太阳光直接照射到地面的量比没有烟雾的日子减少近 40%，而且雾霾天气较多。大气污染严重的城市，会导致人和动植物因缺乏阳光而生长发育不好。在大工业城市上空，由于有大量废热排放到空中，因此，近地面空气的温度比四周郊区要高一些，就导致了"热岛效应"的产生[6]。

1.3.3　森林绿地锐减因素

众所周知，人类活动会大量排放二氧化碳，而森林植物会吸收二氧化碳，尤其是热带地区的森林所吸收的温室气体会更多。不过，如果这些森林受到破坏，蓄积在这些森林中的二氧化碳就会被释放出来。人类砍伐森林时进行的焚烧和摧毁所释放的温室气体，占总碳排放量的 20%，由于森林绿地的减少，导致消化二氧化碳的能力减弱，加剧气候变暖[7]。随着森林日益消失，空气中的二氧化碳将大幅增加，终将导致全球气候变暖。

参考文献

[1]　蔡博风，陆军 . 城市与气候变化 [M]. 北京：化学工业出版社，2012.

[2]　王伟光，郑国光 . 应对气候变化报告 [M]. 北京：社会科学文献出版社，2014.

[3]　李爱贞，刘厚凤，张桂芹 . 气候系统变化与人类活动 [M]. 北京：气象出版社，2005.

[4]　王正超 . 中国的 CO_2 排放特征及碳交易市场研究 [D]. 大连：大连理工大学，2013.

[5]　王绍武，叶瑾琳 . 近百年全球气温变暖的分析 [J]. 大气科学，1995，19（5）：545-553.

[6] 李立娟，王斌，周天军. 外强迫因子对 20 世纪全球变暖的综合影响 [J]. 科学通报，2007，52（15）：1820-1825.

[7] 吴海涛. 气候变暖对森林生态系统潜在影响分析 [J]. 黑龙江环境通报，2013，37（2）：34-35.

第二章　城市高温化现象

2.1　城市热岛现象

2.1.1　城市热岛概述

（1）城市热岛的含义

城市热岛效应（Urban Heat Island Effect）是指城市中的空气温度明显高于城市外围郊区的现象。从近地面温度图上看，郊区气温变化很小，而城区高温区在温度图上就像是从海里突出海面的岛屿，因此形象地称这种效应为城市热岛[1]。

1833 年，英国气候学家赖克·霍华德（Lake Howard）在对伦敦城区和郊区的气温进行了同时间的对比观测后，发现了城区气温比郊区气温高的现象，并且首次在《伦敦的气候》一书中记载了"热岛效应"气候特征。这是人类真正有文字记录的研究城市热岛效应的开始，也是人类关注城市气象研究的开端。1958 年，Manley 首次提出城市热岛（Urban Heat Island，UHI）这一概念。城市热岛形成的能量基础是热量平衡，快速发展的城市化进程改变了下垫面性质和结构，急剧膨胀的城市人口加剧了人为热排放，影响了城市热量平衡，从而形成城市热岛效应[1]。

（2）城市热岛的强度

城市热岛强度是指城区温度与其周边非城区的温度差，用来表征城市气温高于郊区的程度。Peng[2] 在热岛强度的相关研究中指出，热岛效应的最小影响区域为城区面积的 150%。

2.1.2　城市热岛案例

（1）国外城市热岛案例——东京

日本的东京、大阪等大城市因为市区庞大，建筑和人口密集，排热机器繁多，"热岛现象"日益严重。据统计，20 世纪的 100 年中地球历年平均气温上升了约 0.6℃，而日本的大城市则上升了 2.5℃，其中东京上升了 3℃。这使得日本酷热的"热带夜"数量几乎逐年增加 [3]。

造成热岛现象的原因首先是地表被覆无机化，越来越多的地表被建筑物、混凝土和柏油所覆盖，绿地和水面减少，使蒸发作用减弱，大气得不到冷却。近百年来，东京地区的市区面积扩大了 100 倍。1950 年计划的 2 万公顷绿化带因战后高度工业化而成为泡影，市区 80% 的河流被填埋，变成下水道，面积为 12 万公顷的东京湾有 2 万公顷被填埋作为工业用地，建起了火力发电站和石油、钢铁联合企业 [3]。大量混凝土建筑和柏油路白天吸收热量，到夜里散发出来，成为提高夜晚气温的热源。据统计，1999 年日本全国建筑物排出的热量是 27 年前的 3 倍 [3]。

其次是人工热排放增加。日本大城市人口和产业集中，每天由工厂、汽车和空调等排出的热量巨大。据统计，现在日本全国使用的空调数量是 1972 年的 30 倍 [3]。另外，这些年迅速普及的个人电脑也向周围环境大量散热，这些都造成城市温度升高。

(2) 国内城市热岛案例

1) 武汉

武汉城市群作为湖北产业和经济实力最集中的核心区，已经进入城镇化的高速发展期，未来一段时间内仍是区域城镇化发展的重点。据统计，2010 年武汉城市群人口城市化水平近 40%，相比 2000 年提高了 5%，其中武汉、黄石和鄂州的人口城市化水平均在 50% 以上 [4]。大规模的城市化建设破坏了原有的自然环境，改变了下垫面的性质，使生态系统的结构、过程和功能受到影响或发生不可逆转的变化，产生相应的热岛效应等问题亟待研究和解决。

陈正洪等 [5] 人的研究表明，夏季武汉市六渡桥地区气温比郊区高 2℃ 左右，而且天气越是晴好，热岛效应越强，夜间城郊温差最大可达 6℃ 左右。梁益同等 [6] 在地理信息系统的支持下，利用 3 期标准化处理后的 TM 影像，分析了武汉城市热岛效应的现状及年代演变。梁益同等 [6] 利用 3 期不同年代的 TM 影像数据，在地理信息系统 (GIS) 的支持下，反演并计算出武汉市城区不同年代的热岛强度、植被覆盖率、土地利用类型及城区面积，定量地分析了武汉城市热岛强度与土地利用、植被覆盖率之间的关系，揭示武汉城市热岛效应的年代演变特征及机制。由 2005 年武汉市热岛强度等级分布并对照 2005 年武汉市地图分析发现，武汉市热岛几乎集中在城区，并且武汉三镇的热岛分布形状各不相同，与其自然的地理环境分布有着密切的关系。汉口城区由于湖泊少、植被覆盖率低，热岛分布呈倒三角形或片状，其中有多处 5 级热岛，多集中在江汉区和江岸区的商业繁华地带，如汉正街周边和江汉路至武胜路一带的商业区、汉口火车站周边地带、解放大道和轻轨交通 1 号周边地带、古田一路至古田三路的工业区（古田产业新区）及古田四路至汉西一带的古田商贸中心、吴家山一带；武昌城区地处长江南岸，南湖以北，东湖位于其中，且水域面积较大，因此热岛分布呈"C"字形，5 级热岛主要有：青山区武汉钢铁集团厂区、徐东商贸中心、中南路至武昌火车站一带、紫阳路和白沙州大道一带、武珞路和珞瑜路沿线一带、光谷广场周围地区；汉阳城区由于主城区面积较小，北面是汉江，南面大小湖泊较多，因此其热岛分布的范围比上述两城区要小，呈"7"字形，5 级热岛主要分布在两江岸边的汉阳大道和鹦鹉大道一带。武汉城区热岛效应十分明显，强热岛出现在工业区和商业区，20 世纪 80 年代以来，武汉市热岛面积不断变大。城区扩大、植被覆盖率下降、水域面积减少是武汉市热岛加剧的主要原因。2007 年武汉市城区面积比 1987 年扩大了近 3 倍，植被覆盖率从 37.3% 降低到 24.6%，水域面积从 269km^2 减少到 231km^2（彩图 2-1）[6]。

  2）上海

  上海是我国东部沿海气候变化的指标站，属于沿海城市热岛效应研究的典型城市，具有重要的研究意义。侯依玲等 [7] 利用上海 11 个气象观测站逐日平均数据进行研究，发现上海地区城市热岛效应非常显著，并且范围不断扩大，中心城市高温热浪事件频发，同时空气水汽含量却呈下降趋势，非热岛区中空气水汽含量下降更明显（表 2-1）。邓莲堂等 [8] 利用城郊两站 30min 数据分析发现，热岛强度日变化明显，存在 24h 的主周期和 12h 的次周期，一般夜间热岛强于白天，并且季节性变化较显著，日内热岛中心存在位置漂移现象。辛跳儿等 [9] 利用上海 11 个气象观测站逐时气温数据分析城郊气温的变化规律，发现城郊气温差空间分布存在明显季节性差异，城郊气温差日变化存在一定规律，并对比了不同城郊下垫面类型与地理位置对城郊气温差变化的影响。

  先前的研究都普遍建立在气候增暖的大背景下，然而近 10 年来长江三角洲地区气温有走低趋势。城市热岛减弱的可能原因有两种，分别为城市化作用和气候影响 [10]（图 2-2）。

表 2-1　上海 11 个观测站海拔高度及徐家汇站与各站年平均气温的相关系数 [7]

站名	徐家汇	闵行	宝山	嘉定	崇明	南汇	浦东	金山	青浦	松江	奉贤
海拔高度（m）	7	9.1	8.2	8.2	8.9	8.7	8.8	8.6	7.6	8.5	9.3
相关系数	1	0.98	0.99	0.99	0.92	0.96	0.97	0.95	0.98	0.93	0.93

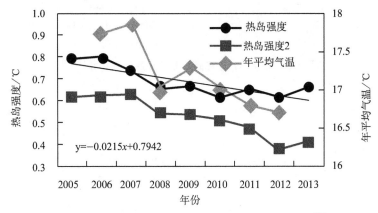

图 2-2　上海城市热岛强度和年平均气温年际变化 [10]

3）北京

北京位于中国的北部，属于典型的温带大陆性季风气候，一年四季分明，春季干旱少雨，夏季炎热多雨，秋季凉爽少雨，冬季寒冷干燥。近 50 年来北京城市人口增加 6.5 倍，基本建设投资增加近 390 倍，房屋增加 40 倍。国家统计局北京市调查总队公布 2012 年末北京市常住人口为 2069.3 万人，建成区面积为 1289.3km²。随着城市规模的扩大，城市下垫面性质和格局也发生巨大变化，这些变化深刻影响着北京的城市热环境。

张佳华等 [11] 研究了北京城市热岛的多时空尺度变化。图 2-3、图 2-4 为 1960—2000 年北京市城区和郊区年平均气温的距平变化及 5a 滑动平均曲线。由图中可知：20 世纪 60 年代中期至 80 年代初期，北京城区气温相对偏低，80 年代初期到 90 年代中期出现一个小波峰，90 年代后期气温继续上升，维持在 13℃以上。郊区在 20 世纪 90 年代以前气温不断波动变化，上升趋势不明显，90 年代后开始逐年上升。总的来说，市区平均气温比相应年份郊区平均气温要高，增温幅度也大于郊区，其线性趋势分别为 0.45℃ /10a、0.21℃ /10a。

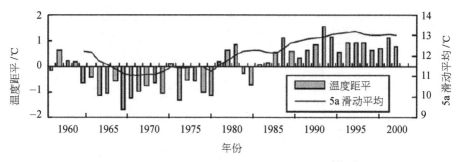

图2-3　北京城市温度距平及5 a 滑动平均曲线[11]

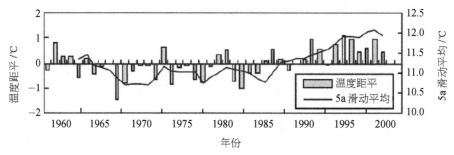

图2-4　北京郊区温度距平及5 a 滑动平均曲线[11]

由图2-5可知，北京UHI变化呈现明显的阶段性，20世纪60年代北京UHI平均值为0.58℃，70年代较小，UHI平均值为0.42℃，1980年以后开始迅速增大，UHI升高到1.23℃，自90年代以来，UHI继续增加，其值为1.32℃。总体来看，北京UHI以波动形式增长，其线性趋势为0.24℃/10 a。1960—1965年UHI强度减弱可能的原因包括城市风速增加，以及与北京城市建设缩减时期相对应。20世纪80年代改革开放以来，北京城市人口、城市基础设施投资总额、房屋竣工面积和住房竣工面积都有很大增长，城市化水平不断提高。这与1980年以后UHI的迅速加剧有相当密切的联系，随着城市经济社会的发展和人口、城市规模急剧膨胀，人为作用影响将越来越大。

4）广州

广州位于中国的南部，地处亚热带沿海，太阳辐射强度大，为典型的湿热地区气候。夏季盛行偏南风，受西太平洋副热带高压及台风的影响，会出现异常持续的高温天气。

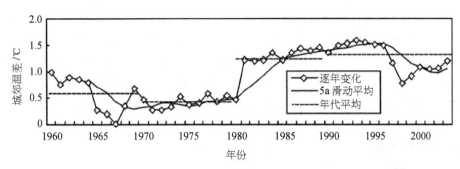

图 2-5　1960—2003 年北京城郊逐年气温差及 5a 滑动平均曲线[11]

　　杨晓峰等[12]对广州近 50 年来的城市热岛变化进行了研究。随着城市化进程的快速发展，广州市区热岛效应日益严重。首先，市区面积显著增加。1992 年前，市区面积为 1443.6km²，随后城区面积不断扩大，特别是 2000 年 6 月，番禺、花都 2 个县级市纳入市区后，市区面积达 3834.74km²。其次，市区面积的增加必然带来城市人口的增加，城市总人口 1992 年末为 612.2 万人，2005 年末增至 750.53 万人，市区平均每天流动人口达 300 多万人。最后，高大建筑物密度增大、能源消耗量提高、污染排放量增加，都使得城市热岛效应愈加严重。

　　从图 2-6 可看出，广州市年平均温度总体呈上升趋势，通过线性拟合得到，每 10 年气温平均升高 0.2℃。同时可看出，1986 年之前，升温趋势比较缓慢，1990—2005 年，年平均温度呈明显上升趋势。

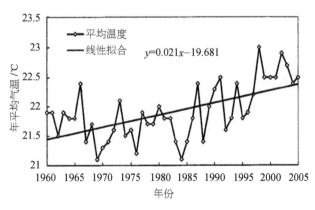

图 2-6　广州市近 50 年（1960—2005 年）年平均温度变化趋势[12]

根据上述结论可得出，广州年平均温度上升的趋势也在一定程度上反映出城市热岛效应增强的结果。为进一步探讨广州市城市热岛现象，以广州市地表温度变化来衡量热岛强度变化的情况，结果发现，高温区面积随着年份增加而增加，说明随着城市的发展，高温区逐渐增多，城市热岛效应越来越明显。其中，从 1990 年到 2000 年高温区面积增加幅度最为明显，2000 年到 2002 年增幅有所减缓。

2.2 极端高温天气

2.2.1 极端高温天气概述

（1）极端高温天气的界定

世界气象组织定义高温热浪为日最高气温 >32℃，且持续 3 天以上的天气过程。美国则由温度和相对湿度计算出热指数（也称显温），根据热指数发布高温警报，具体标准为：白天热指数连续 2 天气温 >40.5℃且持续 3 小时，或者任意时间预计热指数气温 >46.5℃ [13]。

中国气象局规定日最高气温 ≥ 35℃为高温日，连续 3 天以上的高温天气称为高温热浪。但由于中国地域面积广大，地域间气候差异性大，因此，各地区可根据本地天气特征规定界限温度值 [14]。

（2）极端高温天气的测定

我国每日极端高温分为 3 级：高温 ≥ 35℃，危害性高温 ≥ 38℃，强危害性高温 ≥ 40℃。连续 3 天出现 ≥ 35℃或连续 2 天出现 ≥ 35℃，并有 1 天 ≥ 38℃高温，定义为一次高温过程；连续 5 天出现 ≥ 35℃或连续 2 天出现 ≥ 38℃高温，定义为中等高温过程；连续 8 天出现 ≥ 35℃或连续 3 天出现 ≥ 38℃高温，定义为强高温过程 [15]。

中国气象部门针对高温天气的防御，特别制定了高温预警信号。2010 年中央气象台发布了新的《中央气象台气象灾害预警发布办法》，将高温预警分为蓝色、黄色、橙色 3 级，并建立国家、地区、省级各层高温预测预警系统，通过科学的预测方式，延长预警时间，提高预警准确度。利用各种公共传媒及时发布消息，政府部门建立热浪应急预案，使得灾害来临的时候各个部门能够协同有效地处理突发事件，降低危害 [15]。

（3）未来极端高温天气趋势预测

传统的高温预测研究主要对象是月和季节的平均气温状况，通过对平均气温异常的预测，可以对极端高温事件的发生有一定程度的展望。近年来，WMO 提出了气候监视的概念，即基于监测实况和未来预测信息综合给出延伸期或季节尺度的预警信号，组建一个气候监视系统的必要结构，包括数据和观测、气象监测、气候分析及长期预报[16]。

2.2.2 WBGT 高温界定指标体系

（1）WBGT 指数

WBGT 指数是国际标准化组织和许多发达国家公认采用的方法，我国的《高温作业分级》（GB/T4200-2008）也采用此指数。其特点是比较科学地综合考虑了温度、湿度、风速和辐射热这 4 个热环境气象条件的影响，用自然湿球温度、黑球温度和干球温度，按一定方法进行综合计算，所得 WBGT 指数能够比较正确地反映工作地点的气象条件。

（2）WBGT 评价方法及原理

在新修标准中依据 ISO7243 标准规定的重体力劳动时，适用于连续工作的 WBGT 指数限值为 25℃，以此作为划分高温作业的下限值。并依据我国主要接触高温作业工种实测 WBGT 指数分布范围和接触高温作业的时间 2 项指标，分档组合积分值大小，将高温作业分为 4 级，级别越高则表示热强度越大[17]，见表 2-2。

表 2-2 高温作业分级标准

接触时间 (min)	WBGT 指数（℃）									
	≥ 25	≥ 27	≥ 29	≥ 31	≥ 33	≥ 35	≥ 37	≥ 39	≥ 41	≥ 43
0～120	I	I	I	I	II	II	II	III	III	III
120～241	I	I	II	II	III	III	IV	IV		
241～361	II	II	III	III	IV	IV				
361 以上	III	III	IV	IV						

在室内和室外无太阳辐射热时：

$$WBGT = 0.7t_{nw} + 0.3t_g \qquad 式（2-1）$$

在室外有太阳辐射热时：

$$WBGT = 0.7t_{nw} + 0.2t_g + 0.1t_a \qquad 式（2-2）$$

式中：t_{nw} 为自然湿球温度，℃；t_g 为黑球温度，℃；t_a 为干球温度，℃。

（3）WBGT 指数的应用与中暑预防

对中暑有影响的环境因素包含季节、气温、太阳热辐射、湿度 4 个因素。对于夏季高温露天作业和活动的人员，采用 WBGT 指数进行预警，可以防止产生中暑伤害和起到预防作用[18]。

2.2.3 极端高温天气案例

（1）华中地区案例

1）郑州

对郑州市 1951—2003 年夏季（6—8 月）最高气温 ≥ 40℃的历史极端最高气温的统计表明（图 2-7），从年际分布来看，1966 年夏季极端高温次数最多，为6 天，而在 1987—2001 年期间均未出现过 40℃以上的高温天气。之后，2002 年和 2005 年接连出现极端高温天气[19]。

2005 年 6 月郑州市又出现了长达将近半个月最高气温 ≥ 35℃的连续性高温天气，其中以 22 日和 23 日最为严重，最高气温连续 2 天超过 40℃，分别为40.2℃和 40.6℃，给人们的日常生活和工作带来了极大影响。从表 2-3 可以看到，2005 年 6 月出现了连续 2 天 40℃以上的高温天气，实际上这种连续性的极端高温在郑州并不多见，1951—2004 年，连续 2 天或 2 天以上出现 40℃以上的高温天气仅在 1966 年出现过[19]。

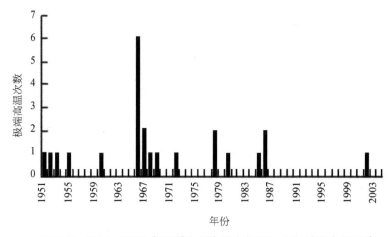

图 2-7　1951—2003 年夏季郑州市最高气温 ≥ 40℃次数年际分布

表 2-3　2005 年 6 月 21—23 日郑州最低、最高气温及日温差 [19]

(单位：℃)

日期	T_{min}	T_{max}	$T_{max}-T_{min}$
6 月 21 日	21.8	33.7	11.9
6 月 22 日	21.6	40.2	18.6
6 月 23 日	25.9	40.6	14.7

与"三大火炉"及周围城市的比较，1951—1999 年，郑州极端最高气温为 43.0℃，石家庄为 42.7℃，重庆为 42.2℃，南京为 40.7℃，武汉为 39.4℃。1988—1998 年，郑州、石家庄、南京、武汉和重庆 ≥ 38℃ 和 ≥ 40℃ 的高温日数分别为：10 天和 0 天，35 天和 14 天，6 天和 0 天，7 天和 0 天，60 天和 10 天 [20]。

导致郑州乃至黄淮地区西部出现极端高温的原因是河套高压对该地区的影响。同时高温的产生也与副热带急流有关，河套高压东南侧的强下沉气流是热力和动力共同作用的结果，即当河套高压东南部处于高层副热带急流入口区左侧时，动力辐合机制使得此区域的下沉气流极为强盛，由此所产生的晴空辐射增温和下沉绝热增温使得极端高温天气的出现成为可能 [19]。

可以通过合理控制城市规模，防止人口过度集中于城区，使市区人口向中牟县、新郑市等周边城市分散，同时加强城市周边的卫星城镇建设。城市总体规划应根据城区人口增长情况统筹考虑，在城市新区开发建设时，尽量不搞连片建设，而采取主城周围设置卫星城的办法，使主城与四周卫星城之间有 10 ～ 20km 的耕地作为隔离带，这不仅能缓解一部分热污染，而且对城市交通、市容、生产生活资料供应等都将带来好处 [21]。

2）武汉

武汉作为华中地区最大都市，随着社会经济快速发展，城市化水平不断提高，城市人口高速增长，2014 年武汉市常住人口达 1033.8 万人。随着全球气候变暖，作为"火炉"城之一的武汉夏季高温天气明显增多，极端高温天气屡创新高，据《武汉统计年鉴 2015》统计，2013 年极端高温达 39.5℃，持续高温 20 天，打破武汉近 64 年来中伏最长热浪纪录，对城市居民的生活和工农业的生产造成了严重危害。

从图 2-8 可以看出，56 年中武汉市盛夏平均高温日数为 17.3 天，极大值出现在 1959 年，高温日数达 44 天，极小值出现在 1987 年，高温日数仅 1 天。20

世纪 50 年代末至 60 年代初、60 年代中期、70 年代后期、90 年代和 2000—2005 年为高温日数偏多的 5 个阶段，80 年代高温日数偏少。对较大的时间尺度而言，强的高温集中在 20 世纪 50 年代后期至 60 年代、90 年代后期及 2000—2005 年。分析结果表明，2000 年以后的高温日数变化，反映了在全球变暖的气候背景下，武汉市盛夏温度偏高，高温持续时间长，受西太平洋副热带高压持续影响，稳定控制长江中下游，是造成武汉市高温及强高温过程的主要环流系统 [23]。

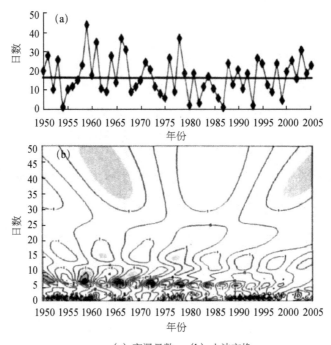

（a）高温日数；（b）小波变换

图 2-8　1950—2005 年盛夏 7—8 月高温日数变化曲线 [22]

（2）西部地区案例

1）西北地区

中国西北地区是典型的内陆干旱区，是西风带气候和季风气候相互作用的过渡地带。在全球气候变暖背景下，极端天气事件的发生更加频繁。

西北地区极端高温的高值区在新疆大部分地区、河西走廊西部、甘肃中北部、陇东南、宁夏北部和陕西，这些地方的高温阈值在 30℃以上；区域年极端高温频率以 1.8d/10a 的速率显著增加，20 世纪 70 年代中期高温日数发生由少至多的转型，1994 年有突变，高温频数有显著的 3 ～ 5a 周期，目前仍处于高温频发阶段。其中 6 月高温频率增加最显著，并且高温越强，持续日数越长，高温频发次数越多。因此，城市高温导致极端高温事件增多，强度增强[24]。

为进一步探究西北地区的极端高温天气，对西北地区进行如下统计：每站每年的高温日数，再用 135 个站的空间平均，建立西北地区年平均高温频率序列，分析其年际变化特征。

由图 2-9 可看出，(a) 图表明西北地区从 20 世纪 70 年代中期开始高温日数发生由少到多的转型；(b) 图表明西北地区年极端高温频率呈明显增多趋势，且在 1994 年有明显的突变现象，其后极端高温天气达到一个更频繁的时期；(c) 图表明西北地区在 1990 年以后高温日数增多且年际变化大，1994 年有明显突变现象。

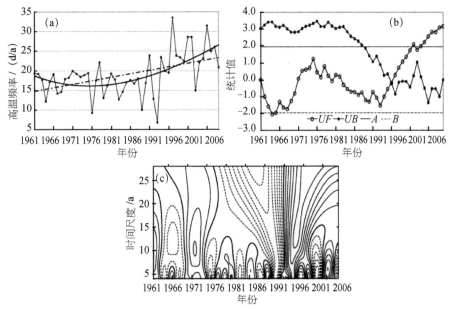

(a) 年际变化；　(b) M-K 检验曲线；　(c) 小波分析

图 2-9　中国西北地区极端高温频率年际变化[24]

2）四川地区

四川位于中国西南地区，夏季受西太平洋副热带高压等天气系统的影响，容易出现持续或间断性异常高温天气。20 世纪 90 年代以后，四川及相邻地区的高温事件频发，损失严重。

以 2006 年为例[25]，四川盆地内重庆和四川部分地区高温热浪持续时间之长，强度之大，创下了当地有气象记录以来历史同期极值。重庆、川东大部分地区极端最高气温普遍达 38～40℃。2011 年夏天，四川再次遭受严重的高温干旱灾害，8 月有 103 个县市出现了高温天气，有 17 个县市的日最高气温突破有气象记录以来历史极值，有 14 个县市的高温日数突破或并列有气象记录以来同期最高值，高温范围广，持续时间长，强度大，给社会经济和居民生活都带来严重影响[12]。

由图 2-10 可看出，50 年来四川省高温日数总体呈较强的增加趋势，每 10 年增加 0.7 天。20 世纪 60 年代和 70 年代高温日数偏多，80 年代到 90 年代初期偏少。值得注意的是 1994—2010 年，四川进入高温事件频发期，高温日数不断刷新纪录。

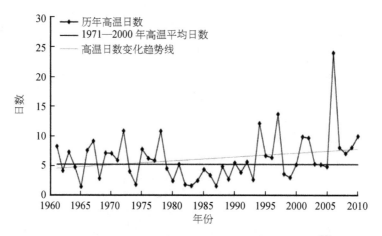

图 2-10 1961—2010 年四川高温日数逐年变化情况[25]

(3) 华南地区案例——深圳

深圳位于中国南部，属亚热带季风气候，夏季较为炎热。根据对 1953—2012 年极端气候指标的分析得出：深圳市极端气温总体呈现较为显著、稳定的变化状况；极端高温事件不断增加，极端低温事件不断减少，且趋势显著[26]。

为进一步分析深圳的极端高温事件，统计深圳站 1953—2012 年每年发生的极端高温(低温)事件频次，并利用线性回归方法统计其线性趋势，如图 2-11 所示。

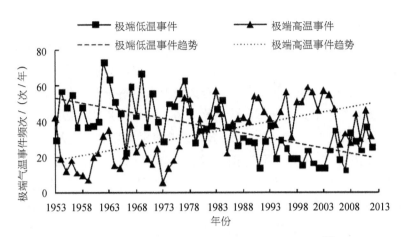

图 2-11 1953—2012 年深圳极端气温事件频次 [13]

由图 2-11 可看出，深圳市极端高温事件的发生频次呈非常显著的增加趋势，而极端低温事件则呈现相反的变化趋势，二者的变化趋势非常显著。同时在纵向比较中，以 20 世纪 80 年代为分界，在此以前的高温事件发生频次比低温事件少，而且两者的变化趋势具有一致性；进入 80 年代以后，随着高温事件的不断增加及低温事件的不断减少，极端高温事件频次开始比极端低温事件多。

从深圳市城市发展的历史角度来看，20 世纪 80 年代以后，正是深圳市极速发展时期。由此可见，城市化对极端气温事件的频次有一定的影响。

（4）华东地区案例

华东地区 [27] 包括 6 省 1 市，分别为江苏省、浙江省、安徽省、福建省、江西省、山东省和上海市。7 省市属于三大自然区之一的东部季风区，属亚热带湿润性季风气候，季风气候显著，夏季高温多雨，冬季寒冷干燥，雨热同期，年降水量 1000mm 左右，约有 2/3 集中于夏季 [12]。2007 年 6 月下旬至 7 月下旬，福建省福州市连续 26 日最高气温＞35℃，打破了自 1961 年以来 35℃的高温持续 24 天的记录，7 月 21 日福州达到 39.8℃，打破了历史同期纪录。2007 年 7 月 12 日 12 时，南昌市气象台向全市范围发布高温橙色预警信号，受持续高温天气影响，连续 6 天南昌市电网负荷用量已破纪录，日用水量逼近峰值。2009 年 7 月 20 日，上海出现 75 年来最高气温 40℃。山东省气象台 2009 年 6 月 23 日相继发布了高温黄色预警信号和高温橙色预警信号，24 日济南最高气温达 38.1℃，鲁西北、鲁中大部及鲁西南地区均出现 37℃以上的高温。2009 年 5 月 12 日杭州出现了

36.4℃的超高温。

将 1951—2008 年 7 省市主要站点高温天数（日最高气温 ≥ 35℃）按月份统计（图 2-12），可以看出，各省市高温天气均分布在 5—10 月，且集中分布在 7 月和 8 月。在分布态势方面，7 站点全部表现出正态分布趋势，高温天气强度值在 7 月、8 月的前后逐级递减。除济南站外，其他站点的高温强度最高值都出现在 7 月，其中以福州站、南昌站和杭州站的 7 月平均强度值最大，分别为 23 天、13 天和 13 天。月际对比分析可以看出，7 月偏高于 8 月，6 月高温天气多于 9 月；5 月和 10 月基本没有高温天气出现。只有济南站比较特殊，高温强度月出现在 6 月，其次是 7 月和 8 月，并且济南站 5 月的高温强度明显高于其他 6 个站点，说明山东省济南夏季高温灾害相对其他 6 个省市来得早。

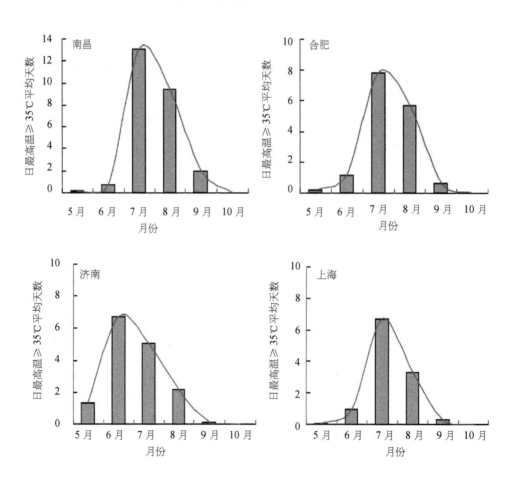

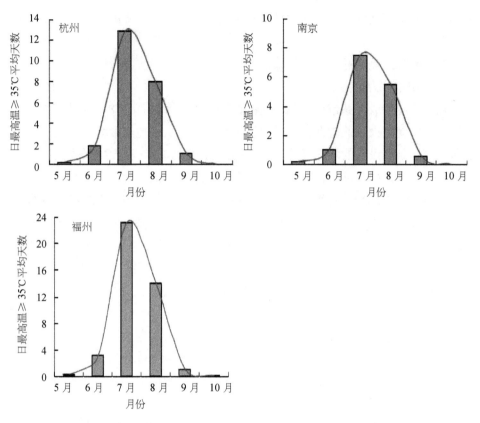

图 2-12　华东地区高温（日最高气温 ≥ 35℃的天数）强度月际分布

福州站、南昌站和杭州站的月际间差异较大，而另外 4 个站点的月际差异相对平缓。除福州站外，8 月的高温天数都不超过 14 天，福建省的高温灾害强度最大，且集中在 7—8 月。济南站总体高温灾害强度不大，但持续时间比较长，主要集中在 5—8 月。

2.3　城市热岛和极端高温天气的影响

2.3.1　增加能源消耗

城市热岛效应加剧了城市高温酷热程度，影响了城市生活的舒适性。相对于郊区，城市市区作为一个高温区，为了环境的舒适和生活的需要，能源消耗必然增加。而能源消耗增加导致的大量排热又促使了城市气温升高，如此反复，形成了恶性循环。

其中能源消耗问题又可以从城市用电和城市用水两方面表述。

（1）城市电力供应紧张

热岛效应造成了城市高温化，在夏季高温期，为维持正常的生产和生活活动，促使建筑内使用大量的空调、电风扇等制冷设备，引起耗电量增加，城市电力供应紧张。而制冷设备的增加又造成过多的人为热量向城市空气中释放，加剧了城市的热岛强度。如此反复，导致城市电力供应愈加紧张。

据 Akbari H. 等[28]对洛杉矶、加利福尼亚、华盛顿等美国大城市的夏季热岛与城市电力负荷关系研究指出：夏季高温期间热岛强度每增加 1°F，电力负荷相应增加 1%～2%，分别相当于洛杉矶 71.5MW/°F（下午 14 时）或 75MW/°F（平均温度）和南加利福尼亚 225MW/°F。自 1940 年以来，洛杉矶温度上升了 5°F，这就需要在用电高峰期增加 375MW 用电量（10%）。

（2）城市水资源供应紧张

热岛效应造成了城市高温化，在夏季高温期，人们在饮用、生活方面用水量大增，城市中各类动植物用水量也大增，水还用于冷却桥梁和其他易受热破坏的金属结构及道路，造成水资源供应紧张，加重了供水系统的负担，促使能源消耗增加。

根据南京市用水资料得出：气温在 30℃时，每增高 1℃，日用水量平均增加 1.5%，最高气温 37℃时，需水缺额为日供水量的 10%，且随着气温的升高，日用水量以指数规律递增[29]。

2.3.2　危害人体健康

（1）降低人体热舒适性

城市热岛效应使人长期处于高温环境中，必然降低人体热舒适性，影响人体健康的机制，引起发病率的增加，甚至导致死亡率的增加。

1）影响人体健康的机制

城市热岛效应带来的持续高温会引起人体生理上热平衡失调，影响人体健康的机制。当高温环境（≥35℃）持续 5 天以上时，人体较长时间靠大量出汗维持体温平衡，造成体力消耗大，长时间休息不佳，食欲大减。这种长期人体能量不断支出造成不平衡的状况，必然会影响人体健康的机制。

　　此外，城市热岛效应带来的城市高温还会使高级神经活动的某些机能发生非正常变化，如注意力、精确性、运动协调性和反应速度等降低。

　　2）引起发病率的增加

　　城市热岛效应带来的持续高温使人体长时间处于不适状态，极易诱发一些疾病，引起发病率的增加。此外，对于没有空调等降温设备的居民来说，严重影响居民生活作息，长此以往，也会引起发病率的增加。

　　据统计，2013年7月上海持续高温，上海各医院的门诊量不断攀升。7月30日的报道显示，入夏以来，东方医院门诊量骤增，每日门诊量平均达6500人次，其中仅急诊人数每日就超过1000人次[30]。

　　3）引起死亡率的增加

　　城市热岛效应带来的持续高温在严重时会引起人的心血管功能失调等疾病，导致死亡率增加。此外，还会促使某些病情加剧，造成死亡，从而引起死亡率增加。

　　谈建国等[31]学者指出，高温期间的死亡人数可达非高温期间的2～3倍。世界许多大城市中每年都有数以千计的人因高温而死。

　　据广州市近10年的人口死亡资料分析，在最高气温达到34℃时，死亡人数显著增加。广州夏季气温不到34℃时，日平均死亡37人，超过34℃时，日平均死亡41人，2004年7月1—2日广州市有39人因天气炎热诱发疾病致死[32]。显然，高温是造成夏季死亡人数增加的原因之一。

　　Henschel等[33]指出，1966年7月9—14日美国高温期间死亡率上升，从区域分布看，死亡率在城市中心区最高。Jones[34]研究了1980年St. Lonis城和Kansas城的死亡率，发现死亡率在城市商业区分别增加了57%和64%，而郊区Missouri仅增加了10%，城市中每1000个居民即有1个因高温而导致发病和死亡。据Oechsli和Bnechley[35]对1939年、1959年、1963年洛杉矶夏季酷暑期内死亡率的研究表明：当最低温度低于35℃时，温度对死亡率几乎没有影响。

　　（2）空气污染物危害人体健康

　　城市热岛效应的存在，使城市上空笼罩着一层烟尘等形成的穹形尘盖，市区的污染物随热空气上升，但上升的气流受阻于穹形尘盖外的冷空气，不易扩散。于是导致空气污染物长时间留存于城市中，对人体健康产生极大危害。

　　城市热岛效应带来的城市高温与空气污染物产生协同作用。一方面，高温会增加大气中二次污染物的生成，增强的光化学反应导致O_3、SO_2及光化学烟雾等污染物的浓度升高；另一方面，高温、弱风及晴空少云的天气条件不仅是城市热岛效应发展的重要因素，也是大气污染物的产生和分布的关键因素。

据多个环境监测资料和气候统计资料得出，城市热岛效应与颗粒物的污染并非两个孤立的事件，而是相互影响的[36]。Jonson 等人[37]的研究表明，Dar es Salaam 城区颗粒物浓度在夜间高于郊区，且浓度与夜间城市热岛强度呈正相关。Kevin 等[38]也认为城市热岛可以影响混合层高度，进而影响地面污染物浓度。

空气污染物对人体健康产生严重影响，如呼吸系统症状增加、肺功能降低、医院门急诊入院率增加、慢性支气管炎发病率增加、长期或短期死亡率上升等。

常桂秋、潘小川等[39]分析了 1998—2000 年北京市空气污染与居民相关疾病死亡率的关系，研究表明大气中 CO、SO_2、NO_X、TSP 浓度与呼吸系统、心脑血管疾病、慢性阻塞性肺病和冠心病死亡率之间的正相关关系均有显著意义，SO_2 浓度每提高 $100\mu g/m^3$，呼吸系统、循环系统、冠心病和慢性阻塞性肺病的死亡率分别增加 4.21%、3.97%、10.68% 和 19.22%。可见，空气污染物浓度的升高会引起相应疾病死亡率的增加。

由此可得出，城市热岛效应带来的城市高温会导致空气污染物的增加，进而危害人体健康。

2.3.3 对生态环境的影响

城市热岛效应作为当今城市发展面临的一个重要环境问题，对城市生态系统构成了严重威胁，其影响主要包括危害城市园林绿地和影响植物物候两方面。

（1）危害城市园林绿地

城市热岛效应带来的城市高温危害了城市园林绿地。城市园林绿地可以遮阴、降温、增湿、降噪、灭菌，既有生态功能又有景观功能。当温度超过极限时，会抑制植物的生长甚至造成植物的死亡。丧失绿化导致持续高温干旱的天气，使得害虫大量繁殖，又造成园林绿地大量死亡，形成恶性循环。

英国科学杂志《自然》研究指出，绿地经过高温伤害后，需要 2 年才能恢复正常吸碳能力，使得绿化的作用大大降低。

（2）影响植物物候

城市热岛效应带来的城市高温影响植物物候。植物物候与气温状况息息相关，特别是在植物生长发育各阶段的前期。在时间尺度上，随着全球气温不断升高，春季物候期提前，秋季物候期滞后，生长季延长。在空间尺度上，由于城市热岛效应的影响，春季长期处于热岛区的植物物候期也会相应提前。在城市尺度上，由于城市热岛效应的影响，植物物候期存在着差异。

2.3.4　极端天气增加

城市热岛效应导致极端天气事件增多，如极端高温天气持续时间、发生频次增加，以及雷电、暴雨频率与强度增加。

城市热岛效应导致极端高温天气持续时间增加。目前中国针对单个城市的相关研究主要集中在上海和北京这 2 个特大城市。Tan 等 [40] 和崔林丽等 [41] 对上海的研究发现，自 20 世纪 80 年代起，城市热岛强度增强，使得极端高温天气的日数呈现出市区多于近郊和远郊的格局。司鹏等 [42] 和张雷等 [43] 仅利用北京站作为城市站，其他站点作为郊区 / 农村站，也发现了城市化带来的城市热岛效应对极端气温变化趋势的显著影响。

城市热岛效应导致极端高温天气发生频次增加。据大部分研究发现，城市站点极端高温事件发生频率要普遍高于农村站点。例如，Gaffen 等 [44] 发现，1949—1995 年美国人口最为密集的区域夏季暖夜增加最为显著。De Gaetano 等 [45] 发现，相比 20 世纪 60 年代，20 世纪 90 年代美国城市站点夏季暖夜的增加是农村站点的 3 倍，城市站点热日的增加是农村站点的 1.5 倍。

此外，城市热岛效应也会导致雷电、暴雨等极端天气事件增多。城市热岛效应使城市近郊上空空气对流加强，容易出现局地大暴雨或强雷暴。再者，热岛效应增强了近地层的不稳定，加剧强对流天气，加上城市污染使空气导电性能提高，加剧了市区雷电灾害的发生。

参考文献

[1]　白杨，王晓云，等 . 城市热岛效应研究进展 [J]. 气象与环境学报，2013，29（2）：101-106.

[2]　Peng S，Piao S，Ciais P. Surface urban heat island across 419 global big cities[J]. Environment Science Technology，2012，46（2）：696-703.

[3]　王大军 . 日本努力减轻城市"热岛现象"[J]. 科学咨询，2003（8）：34.

[4]　易予晴，龙腾飞，焦伟利，等 . 武汉城市群夏季热岛特征及演变 [J]. 长江流域资源与环境，2015，24（8）：1179-1285.

[5]　陈正洪，王海军，任国玉 . 武汉市城市热岛强度的非对称性变化 [J]. 气候变化研究

进展，2007，3（5）：282-286.

[6] 梁益同，陈正洪，夏智宏．基于 RS 和 GIS 的武汉城市热岛效应年代演变及其机理分析 [J]．长江流域资源与环境，2010，19（8）：914-918.

[7] 侯依玲，陈葆德，陈伯民，等．上海城市化进程导致的局地气温变化特征 [J]．高原气象，2008（S1）：131-137.

[8] 邓莲堂，束炯，李朝颐．上海城市热岛的变化特征分析 [J]．热带气象学报，2001，17（3）：273-280.

[9] 辛跳儿，李军，贺千山，等．上海地区城市和郊区气温差异特征分析 [J]．大气科学研究与应用，2009（1）：17-24.

[10] 徐伟，朱超，杨晓月，等．近 10 年上海城市热岛效应时空变化特征 [J]．大气科学研究与应用，2014（2）：65-73.

[11] 张佳华，孟倩文，李欣．北京城区城市热岛的多时空尺度变化 [J]．地理科学，2011，31（11）：1349-1354.

[12] 杨晓峰．基于遥感技术下广州市城市热岛效应研究 [D]．南京：南京信息工程大学，2008.

[13] 谈建国，黄家鑫．热浪对人体健康的影响极其研究方法 [J]．气候与环境研究，2004，19（4）：680-686.

[14] 徐金芳，邓振镛，陈敏．中国高温热浪危害特征的研究综述 [J]．干旱气象，2009，27（2）：163-167.

[15] 郎许锋．高温热量预测预警系统研究与实现 [D]．东华理工大学，2012.

[16] 任富民，高辉，刘绿柳，等．极端天气气候事件监测与预测研究进展及其应用综述 [J]．气象，2014，40（7）：860-874.

[17] 甘永祥，戴自祝．《高温作业分级》标准与 WBGT 指数仪的研制 [J]．中国卫生工程学，2002，1（1）：51-53.

[18] 谭琳琳，甘永祥．WBGT 指数与中暑预防 [J]．中国高新技术企业，2008（22）：182.

[19] 贺哲，李平，乔春贵，等．郑州极端高温天气成因分析 [J]．气象，2007，33（3）：68-75.

[20] 王记芳．郑州市近 50 年高温闷热天气气候特征分析 [J]．河南气象，2003（4）：11-12.

[21] 王捍卫，刘磊，李文杰，等．城市高温化的原因与对策分析——以郑州市为例 [J]．

中国高新技术企业，2008（2）：82.

[22] 罗瑶.武汉都市类报纸对高温灾害报道的传媒预警研究 [D]. 武汉：华中师范大学，2015.

[23] 贺懿华，谌伟，李才媛，等.武汉市盛夏高温气候特征和成因及预报 [J]. 气象科技，2007，35（6）：809-813.

[24] 陈少勇，王劲松，郭俊庭，等.中国西北地区 1961—2009 年极端高温事件的演变特征 [J]. 自然资源学报，2012（5）：832-844.

[25] 周长艳，张顺谦，齐冬梅，等.近 50 年四川高温变化特征及其影响 [J]. 高原气象，2013，32（6）：1720-1728.

[26] 黄国如，冼卓雁.深圳市 1953—2012 年极端气候事件变化分析 [J]. 水资源与水工程学报，2014（3）：8-13.

[27] 史军，丁一汇，崔林丽.华东极端高温气候特征及成因分析 [J]. 大气科学，2009，33（2）：347-358.

[28] Akbai H，Rosenfield，Taha H. Recent Development in Heat Island Studies Techinical and Policy "Controlling Summer Heat Island". Proceeding of the Wordshop on Saving Energy and Reducing Atmospheric Pollution by Controlling Summer Heat Islands Berkeley laboratory. CA. USA. 1989.

[29] 李莎莎，翟国方.城市高温灾害研究 [C]. 中国灾害防御协会风险分析专业委员会年会，2010.

[30] 顾宇丹.2013 年上海夏季高温特点及其对城市的影响 [C]. 中国气象学会年会 S2 灾害天气监测、分析与预报，2014.

[31] 谈建国，黄家鑫.热浪对人体健康的影响及其研究方法 [J]. 气候与环境研究，2004，9（14）：680-686.

[32] 王志英，潘安定.广州市夏季高温特点及其危害 [J]. 气象研究与应用，2008，29（4）：26-29.

[33] Hensehel，et al. Ananalysis of the haerdeatbs in St.Louis during July 1966[J]. Am J Publ Health，1969，59: 2232-2242.

[34] O Jnes，et al. Morbidity and Mortality associated with the July 1980 heat in St.Louis and Kansas city[J]. Mo J Amer Med，1982，247: 3327-3331.

[35] Qechs Ii，Bneehley. Eeeess Morta Iiry associated with there Ios AngeIes September hotspelles[J]. Environ Res，1970，3: 277-284.

[36] 韩素芹，孟冬梅，佟华，等．天津城市热岛及其对污染物扩散影响的数值模拟 [J]. 生态环境学报，2009，18（2）：403-407.

[37] Onsson P，Bennet C，Eliasson I，et al. Suspended particulate matter and its relation to the urban climate in Dares Salaam，Tanzania[J]. Atmospheric Environment，2004，38: 4175-4181.

[38] Kevin C，Christian H，Barry L. Estimating the effects of increased urbanization on surface meteorology and ozone concentrations in the New York City metropolitan region[J]. Atmospheric Environment，2007，41: 1803-1819.

[39] 常桂秋，等．北京市大气污染物与儿科门急诊就诊人次关系的研究 [J]. 中国校医，2003，17（4）：295-297.

[40] Tan J G，Zheng Y F，Tang X，et al. The urban heat island and its impact on heat waves and human health in Shanghai[J]. International Journal of Biometeorology，2010，54（1）：75-84.

[41] 崔林丽，史军，周伟东．上海极端气温变化特征及其对城市化的响应 [J]. 地理科学，2009，29（1）：93-97.

[42] 司鹏，李庆祥，轩春怡，等．城市化对北京气温变化的贡献分析 [J]. 自然灾害学报，2009，18（4）：138-144.

[43] 张雷，任国玉，刘江，等．城市化对北京气象站极端气温指数趋势变化的影响 [J]. 地球物理学报，2011，54（5）：1150-1159.

[44] Gaffen D J，Ross R J. Increased summer time heat stress in the US[J]. Nature，1998，396: 529-530.

[45] DeGaetano A T，Allen R J. Trends in twentieth-century temperature extremes across the United States[J]. Journal of Climate，2002，15（22）：3188-3205.

第三章　城市高温化的形成机制

3.1　城市快速扩张与密集化发展

3.1.1　相关概念

（1）城市化

城市化的概念有狭义、广义之分。狭义概念是指农村人口迁移到城市转变为城市人口，或者农村地区转变为城市地区使农村人口转变为城市人口，由此使城市人口规模增大、比重提高的过程，即人口城市化。其中，农村人口迁移到城市转变为城市人口的人口城市化称为迁移城市化，农村地区转变为城市地区使农村人口转变为城市人口的人口城市化称为就地城市化[1]。现阶段城市化进程的主流为迁移城市化，而就地城市化通常是由于人口城市化发展到一定阶段需要城区扩大或者新建城市带来的人口城市化现象。

城市化的广义概念，除包括人口城市化以外，还包括人们通常所说的土地城市化、生活方式的城市化等，而这些丰富内涵都是从人口城市化衍生出来的。例如，人口城市化（主要是迁移城市化）使城市人口增多、城市规模增大，造成城市地区扩大或设置新的城市，这样就使农村用地转变为城市用地，形成"土地城市化"，土地城市化再把原农村地区的农村人口就地城市化；农村人口通过城市化改变到城市工作生活，逐步适应并接受不同于农村的城市生活方式，由此带来其生活方式的城市化[1]。

（2）城市建成区

中国的城市并不是地理学上的城市化区域，而是一个行政区划单位，管辖以一个集中连片或者若干个分散的城市化区域为中心，大量非城市化区域围绕的大区域。所以市的面积并不能反映城市化的区域，即地理学意义上城市的面积。中国统计部门用建成区来反映一个市的城市化区域的大小。具体指一个市政区范围内经过征用的土地和实际建设发展起来的非农业生产建设的地段，包括市区集中连片的部分，以及分散在近郊区域、与城市有密切联系、具有基本完善的市政公用设施的城市建设用地（如机场、污水处理厂、通信电台）。从广义上讲，建成区是指城市行政范围内，实际建成或正在建设的、相对集中分布的地区，是城市建设发展在地域分布上的客观反映。包括市区集中连片的部分，以及分散到近郊区内、但与城市有着密切联系的其他城市建设用地。建成区标志着城市不同发展时期建设用地状况的规模和大小。

（3）城市建成区紧凑指数

在城市地理研究中，常用"紧凑度"来反映城市建成区的空间形态。城市外部物质空间形态紧凑度的研究起步很早，而且研究非常充分，形成一系列的量化指标（表3-1）。

表3-1　常用城市外部空间紧凑度指数

指数名称	公式	公式中字母含义	公式说明
Richaedison	$C=2\sqrt{\pi \cdot A / P}$	C 为紧凑度，A 为面积，P 为周长	表示建成区周长与最小外接圆周长之比
Cole（外部形态紧凑度指数）	$C=A/A'$	C 为紧凑度，A 为建成区面积，A' 为最小外接圆面积	表示建成区面积与最小外接圆面积之比
Gibbs	$C=1.273A/L$	C 为紧凑度，A 为建成区面积，L 为最小外接圆面积	
Bertand & Malpezzi	$\rho=\sum dw_i / C$	d 为到 CBD 的距离，w 为权重，C 为建成区的等效半径	到 CBD 的平均距离与圆柱形城市中心平均距离的比率
Moran	土地的自相关性		土地开发的连续性
放射状指数	$\sum_t^w(100d / \sum_t^w d)-(100/n)$	城市向各个方向拓展的方差	土地扩张的均衡性

紧凑度指标是目前比较流行的城市空间形态测量指标，这一指标用城市形态的方式反映城市的集中程度，以最小外接圆面积作为标准衡量城市区域的形状特征。倘若城市区域面积与其区域最小外接圆面积完全重合，则认为该区域为圆形，区域空间形状是最为紧凑的，其紧凑度为 1[2]。

以长沙市为例，根据长沙统计年鉴、长沙市历版城市总体规划获取历史特定年城市建成区面积及建成区底图，利用公式对城市建成区空间紧凑度进行计算[3]。

从表3-2可看出，长沙1960年建成区紧凑度系数为0.117，1990年为0.218，2009年为0.325，总体趋势是长沙城市建成区在历史演变过程中紧凑度逐步提高，说明城市建成区有逐渐集中紧凑发展的态势。

表 3-2　长沙市特定年建成区紧凑度计算结果[3]

年份	建成区面积 A（km^2）	最小外接圆面积 A'（km^2）	紧凑度
1960	16.5	141.03	0.117
1978	53.04	392.89	0.135
1990	101.00	463.30	0.218
2003	135.84	646.86	0.210
2009	250.68	771.32	0.325

（4）城市热平衡

城市（或城镇、工业小区）是具有特殊性质的立体化下垫面层，局部大气成分发生变化，其热量收支平衡关系与郊区农村显著不同。城市覆盖层可以看作一个由"城市—建筑物—空气"组成的系统。

城市热平衡是指城市覆盖层的热量得失。关于城市热平衡，可用下列公式表示：

$$Q_n + Q_f = Q_h + Q_e + Q_s \qquad\qquad 式（3-1）$$

式中：Q_n—城市覆盖层内净辐射得热量；Q_f—城市覆盖层内人为热释放量；Q_h—城市覆盖层内大气与外部对流换热量；Q_e—城市覆盖层内的潜热交换量；Q_s—城市覆盖层内下垫面层的储热量。

白天，净辐射 Q_n 为正值（日出后 40～60 分钟），一部分热量消耗于 Q_e 上，一部分热量消耗于 Q_h 上，余下的热量进入城市下垫面；夜间（日落前 60～90 分钟），净辐射 Q_n 为负值，由 Q_e、Q_h 和 Q_s 来补偿，下垫面热通量方向与白天相反，也就是地面失去热量。Q_s 值的方向和大小，决定了下垫面得失热量的多少，它直接影响到下垫面温度的高低和变化[4]。城市热量得失示意见图 3-1。

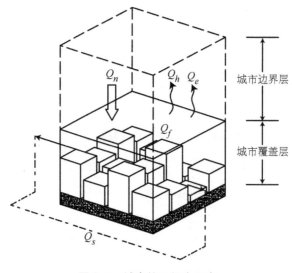

图 3-1　城市热量得失示意

3.1.2　城市快速扩张

（1）城市快速扩张现象

城市快速扩张的表现包括城市人口数量的增加、城市建成区范围扩张，以及城市发展带来的城市经济增长。与此同时，能源消耗和人工热排放的增加等也是城市快速扩张的重要表现。

近半个世纪以来，大部分地区尤其是发展中国家经历了快速的城市化过程，大城市、超大城市不断涌现。根据联合国的统计数据，2009 年全世界就有大约一半数量的人口居住在城市地区，并且随着时间的推移，这一比例还会持续上升，预计到 2030 年城市人口数量将达到总人口的 60%，其中对城市扩张贡献较多的是发展中国家。如果说 20 世纪上半叶的全球城市化主要发生在欧洲，那么今天，亚洲人口规模已经使其成为世界城市人口规模最大的洲[5]（图 3-2）。以中国为例，中国已经成为世界城市面积最大的国家，国家发展和改革委员会相关人员表示，2015 年，我国城镇化率达到 56.1%，城镇常住人口达到了 7.7 亿人[6]。再以武汉市为例，2016 年 3 月 11 日由武汉市统计信息网发布的《武汉市 2015 年暨"十二五"期间国民经济和社会发展统计公报》表明：截至 2014 年年末，武汉市常住人口达到 1033.80 万人，比上年增加 11.80 万人。

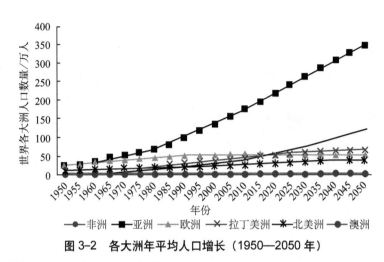

图 3-2　各大洲年平均人口增长（1950—2050 年）

数据来源：http://dx.doi.org/10.1787/888932341993

（2）城市扩张对城市气候环境的影响

城市的快速扩张，使人力资源和物质资源高度集中，给城市发展带来便利，因而对于一个地区的经济增长具有巨大的促进作用，但与此同时，城市化的进程对环境和气候的改变也会带来相当多负面的影响。

1）城市扩张对气温的影响

城市的不断扩张会增加人工下垫面的面积，使城市土地的覆盖材料由原来的天然植被变成现在人工制造的沥青、混凝土等，而这些建筑用地相比于原来的林、农业用地，热力学特征发生了很大的改变，直接影响了地表与大气之间的能量交换过程，导致不同地区温度的普遍升高。

另外，城市扩张会引起能源消耗的增加，因此随之排放的温室气体数量也会相应增加，导致气温升高。例如，城市扩张过程中大量的汽车尾气和生活取暖所用的煤等所产生的温室气体引起局地热岛效应和大气组分改变，并作为主要驱动力之一会最终导致全球尺度上的气候变暖。

2）城市扩张对降雨的影响

城市的快速扩张对降水的影响也很显著。赵守栋等 [7] 以北京和上海的实测为例，通过实测发现这 2 个中国典型的快速城市化地区的年降水量年际变化较大，且呈逐渐减少趋势（图 3-3）。城市化对降水的影响与平均风速是密切相关的。城市内风速变小，并且人为热排放加大，直接影响地表感热通量的变化。李毓芳等[8]发现，感热通量会通过改变近地层的层结稳定度来改变地面湍流系数，并与低空急流中心风速的水平分布不均相耦合，造成水平散度场和水汽辐合场的改变，并通过平流作用将此变化了的场移至雨区上空，从而引起雨区降水条件的改变。另外，热岛效应会引发边界层热扰动的不稳定，促使边界层内上升运动的加强，从而有利于局地弱降水过程的产生。

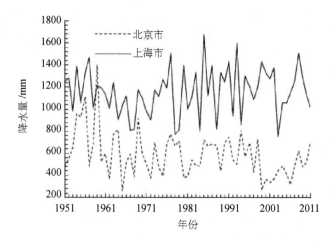

图 3-3　北京市及上海市 1991—2011 年降水量变化趋势[7]

3）城市扩张对空气质量的影响

城市的快速扩张伴随着城市人口的增加和生活水平的提高，相应地，城市对于能源的需求量也会大大增加。在我国能源消耗量的比例当中，以化石能源为主的不可再生能源仍然占据主要地位。例如，城市内汽车需要的石油资源，供暖所消耗的煤矿和天然气资源，以及城市用电、用水等生活所需的能源等，这些能源的使用会直接或者间接导致大气中二氧化碳、二氧化氮和甲烷等温室气体浓度的增加，污染环境。汽车排放的尾气，其中包含的污染物就有固体悬浮微粒、一氧化碳、二氧化碳、碳氢化合物、氮氧化合物、铅及硫氧化合物等，这些气体的排放会影响城市整体的空气质量，对环境产生破坏。

3.1.3　城市密集化发展

（1）我国城市密集化发展现状

相较于 2000 年，2010 年中国 2353 个分县单元中有 1449 个分县单元人口密

度增加（彩图 3-4），占比 61.6%，占地 66.7%，相应人口占 68.2%。其中，589
个分县单元属于缓慢增加类型，平均增加 6.2 人 /km²；860 个分县单元属于快
速增加类型，平均增加 25.6 人 /km²[9]。从空间分布上看，长江三角洲地区、珠江
三角洲地区、京津冀都市圈等地区的人口密度快速增加，与当地的城市化率息息
相关 [9]（图 3-5）。

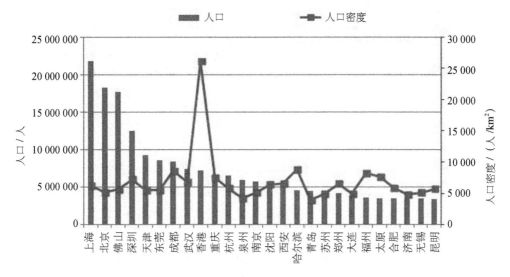

图 3-5　2013 年中国主要城市人口及人口密度的比较

数据来源：www.newgeorgraphy.com（Demographia World Urban Areas）

（2）城市密集化发展的影响

城市本身是一个复杂而脆弱的生态系统，牵一发而动全身，任何一个环节的
变动都会对整体造成不可忽视的影响，而城市的密集化发展正从以下几个方面对
城市环境产生影响。

1）对城市热量得失平衡的影响

城市密集化主要表现为高大建筑楼群的增多和水泥道路、立交桥的纵横交错。
在城市近层中，从地面到建筑楼顶被称为城市冠层，其下垫面主要被混凝土和沥
青覆盖。这些与建筑物群体形成一个立体下垫面，墙面、屋顶、路面在太阳照射
下形成复杂的反射面，而且整体面积大大增加，所以太阳辐射经过多次反射，在
墙体上吸收的次数增多，因此被反射的能量就减少了，这就意味着建成区地表对

于太阳辐散的吸收增多，温度升高（图 3-6）。

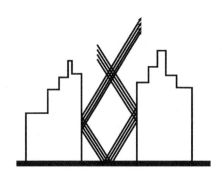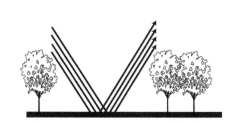

图 3-6　城市与郊区对太阳辐射吸收的差异

在城市产业"退二进三"、工业郊区化趋势推动下，城市工业用地布局结构发生改变，工业用地集中了大量的工业建筑，工业生产过程中释放大量工业热。为发挥区域开发的整体经济效益，居住商业用地作为配套设施往往布置在工业用地周边，高层商住建筑的三维开发阻隔了工业用地的通风散热，增强了热岛的集聚程度。

而城市密度的增加同时也意味着交通流量的增大，根据日本环境省的一项研究表明，车辆排热占据了人为热的 28%，可见，车辆排热也是引起热岛的一个重要原因[10]。

除此之外，随着城市中商业办公活动的集聚而带来的商业办公建筑的增加，OA 排热、空调排热等人工热的总量也在不断增加。

2）对城市水分平衡的影响

地表的树木、绿地等植被层不仅可以通过自身较大的比热容保持较低的地表温度，还可以利用较大的蒸散发量，通过蒸散降温效应使其周边保持较低的气温。城市里的河流、湖泊等作为城市的低温区域或低温走廊，在白天增温较缓，夜间降温也慢，因此会保持相对较低的温度，是调节城市热环境的重要载体。而城市的快速、密集化发展，使得城市中原有的水体、绿地等的面积不断减少，城市开发建设使这些区域都遭到了不同程度的破坏，自然水域大面积缩减，直接影响了自然生态空间作为"绿肺"调节城市气候的生态功能的发挥[11]。有研究表明，在理想状态下，仅单位面积的植被层蒸散的年降温效应就可以使其近地表气温比不透水层的周边气温值低 2.63℃ [4]。

如武汉地区 2008 年 7 月 26 日的地表温度分布示意图（彩图 3-7）所示，可以看出，武汉市主城区温度较高，而长江、湖泊等水体部分温度较低。

3）对城市通风的影响

1982 年，Oke 提出了热岛效应的计算公式，关系热导效应强度（城市中心区与郊野之间热导效应强度的最大差值）的变量主要有城市人口规模及区域风速，由此确定了热岛效应与城市密度及风环境的关联性。

城市空间格局的改变及自然生态格局的破坏加剧了城市热岛效应。城市用地的高密度开发使得城市越来越向高处发展，高大密集的建筑楼群改变了城市的空间格局，阻隔了城市通风散热的空间，增大了城市动力粗糙度，使城区的地表风速减小、湍流加强；成排建设的高层建筑形成"风墙"效应，阻碍区域自然风的水平向通行；高度整齐划一、密集分布的高层建筑，也阻碍了城市气流的竖向流动 [12]。所以，城市生产生活中产生的大量热量、温室气体及悬浮颗粒物无法迅速得到排散，郊区清洁凉爽空气也无法及时引入给城区降温。

如书末彩图 3-8 所示，以大连市中山区人民路为中心的高密度城区模拟结果表明，该区域内建筑密集，周边式街区较多，缺少气流通道，使得空气通透性较差，来流不能顺畅地经过。尤其是周边式布局的多层住宅、大体量的高层裙房迎风面积大、风影区长，对风的阻碍作用最大。区内部分平均风速均低于 0.4m/s，仅为来流速度的 22%，不仅对改善炎热夏季热舒适度十分不利，也易引起区域内部的空气滞留和污染聚集 [14]。

3.1.4　城市扩张与密集化发展引起环境变化的研究——以南京为例[2]

南京市是华东第二大城市，属于亚热带季风气候，雨量充沛，年均降水量 1106mm，四季分明，年均气温 15.4℃，最高气温 39.7℃，最低气温 -13.1℃。对于南京气候温度的研究表明，在 1984—2011 年，南京气温总体趋势随城市建成区面积的增大而增加。从表 3-3 中可以发现，1984 年南京建成区面积为 120km²，年均气温为 16.68℃；2010 年南京建成区面积为 619km²，年均气温为 20.21℃，建成区面积增加了 4 倍左右，年均气温上升了近 4℃。而南京的城市化指数在 2000 年以前一直处于缓慢的增长阶段，气温也处于缓慢升高阶段；2000 年以后，城市化指数快速发展，气温的上升幅度也有了明显变化。这就说明城市的快速扩张对气温产生了影响。

表 3-3　1984—2011 年南京市建成区面积与年平均气温 [2]

年份	建成区面积（km²）	平均气温（℃）	年份	建成区面积（km²）	平均气温（℃）
1984	120	16.67625	1999	194	17.42553
1985	121	16.52215	2000	201	16.92604
1986	123	15.7343	2001	212	17.25542
1987	126	17.27988	2002	439	16.99408
1988	128	16.27489	2003	447	17.41513
1989	129	16.37625	2004	484	17.59273
1990	129	17.32012	2005	513	18.0907
1991	131	16.48039	2006	575	18.39104
1993	148	17.1904	2007	578	17.52494
1994	150	17.58622	2008	592	17.76813
1995	151	17.81192	2009	598	17.0878
1996	167	16.97616	2010	619	20.21158
1997	177	16.94577	2011	637	17.80761
1998	179	18.5142			

　　根据上述数据绘制图 3-9 表示平均温度和建成区面积的关系，不难看出城市整体的平均温度随着建成区的增加而增加。而通过绘制建成区面积和平均气温分别与时间的关系图（图 3-10 和图 3-11），可以发现南京的城市化指数在 2000年以前一直处于缓慢的增长阶段，气温也处于缓慢升高阶段；而 2000 年以后，城市化指数快速发展，气温的上升幅度也有了明显变化。这就说明城市的快速扩张对城市气温的增加有了明显的影响作用，城市扩张程度越大，城市温度上升幅度也就越大。

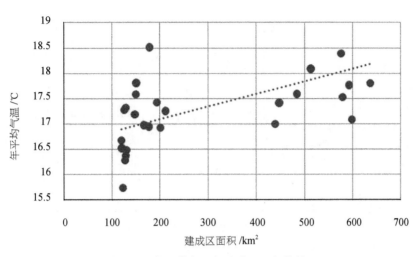

图 3-9 年平均气温与建成区面积的关系

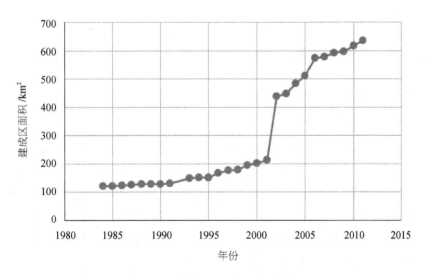

图 3-10 建成区面积与时间的关系

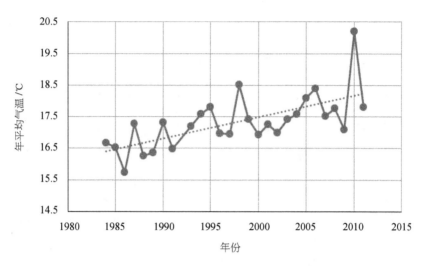

图 3-11　年平均气温与时间的关系

3.2　城市下垫面人工化

3.2.1　下垫面的定义和下垫面人工化引起城市高温现象

（1）下垫面的定义

下垫面（Underlying Surface）是指与大气下层直接接触的地球表面，包括海洋、陆地及陆上的高原、山地、平原、森林、草原、城市等[14]。下垫面性质的改变对大气的热量、水分、干洁度和运动状况有明显的影响，这是由于大气层中的低层大气几乎不能直接吸收太阳辐射，但可以强烈吸收地面辐射，因此地面辐射成为低层大气的主要直接热源。此外，下垫面还以潜热输送、湍流输送等方式影响大气热量，而大气中的水气也是来自下垫面。

（2）下垫面人工化引起城市高温现象

伴随着经济的高速发展，人口增多、城市化进程加快，致使城市土地利用及覆盖类型发生明显改变，同时耕地、绿地面积减少，人工建筑物增加等因素也使得原有的自然植被和裸露土地被建筑物、沥青、水泥、混凝土等不透水性下垫面所代替。这些不透水性下垫面不仅白天储热、夜间释热，而且具有良好的导热性和高热容量，从而导致了城市的高温化，给城市的气候环境带来了负面影响[15]。

郑祚芳等[16]以北京市城区和郊区为研究对象，研究下垫面人工化对高温现象的影响。北京地处黄土高原、内蒙古高原向华北平原的过渡地带。近10多年来，随着经济和人口的不断增加，北京城区范围有很大的扩张，相应的城市下垫面环境也有很大的改变。

书末彩图3-12给出的是北京地区217个自动气象站观测的2009年6月24日16时（北京时间，下同）近地层2m气温及10m风场，可见北京市大部分山前区域、延庆盆地和门头沟的山谷区温度在38℃以上，其中中心主城区及昌平的山前边缘区域的温度在40℃左右，其主要原因是这些地区的下垫面植被覆盖度较低，地表类型大部分为裸露的岩石或裸土，地表热容量较小，受太阳辐射增温较快。另外，山前区域的空气下沉"焚风"效应也是一个重要的原因。这就导致下垫面被人工化的主城区温度普遍大于郊区温度（图3-13）。

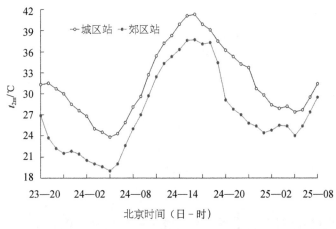

图3-13 由自动气象站观测的城、郊区平均2m气温

3.2.2 下垫面人工化引起城市高温的原因

城市下垫面性质改变导致下垫面物理和生物学特性改变（不透水、高热导、高热容、高粗糙度、较弱的蒸发蒸腾作用、较低的潜热通量和较高的感热通量等），进而能够通过陆面过程改变地气之间的物质和能量交换，产生城市高温，具体原因如下：

（1）下垫面人工化后组成材料的变化

城区大量的建筑物和道路构成是以砖石、水泥和沥青等材料为主的下垫层，这些材料热容量、导热率比郊区自然界的下垫层要大得多，而对太阳光的反射率低、吸收率大。因此，在白天城市下垫层表面温度远远高于当地气温，其中沥青路面和屋顶温度可高出当地气温 8 ~ 17℃。此时下垫层的热量主要以湍流形式传导，推动周围大气上升流动，形成"涌泉风"，并使城区气温升高；在夜间城市下垫面层主要通过长波辐射，使近地面大气层温度上升。

（2）下垫面人工化后形成不透水层

水分的蒸发可以带走热量，地面每蒸发 1g 水，下垫层大约失去 2.5kJ 的潜热。水泥等硬质材料相比于土壤和植物，透水能力和蓄水能力较差，所以城市中除了少量绿地以外，人工铺砌的道路、广场、建筑物几乎全部密不透水。当下垫面被这些建筑材料代替后，自然植物生长的被覆面就相对减少，导致雨水在城市地面的下渗能力和保水能力下降，水分蒸发减少，通过其散耗的热量就会相应减少，难以达到降温的效果[17]。

（3）城区中高蓄热材料比重不断增加

随着旧城改造、新区建设及城区道路建设速度的加快，城区面积不断扩大，高楼大厦拔地而起，道路不断拓宽。城区中高蓄热、非生态建筑实体构成比重不断增加，一些大型建筑采用全密封、全玻璃幕墙设计，玻璃将光直射到室内使温度上升，而为了室内降温，必须耗费能源以机械方式将热量排出户外。玻璃幕墙的强反射光线又促使周围住所装上更多的空调，加之汽车全面推行全密封、全空调设计，增加了空气中的热量，形成热公害的恶性循环，从而导致城市的蓄热量变大，温度升高[18]。

3.2.3　不同下垫面对温湿度影响的研究——以北京为例

为了研究不同类型的下垫面对环境的影响，吴菲等[19]选择以北京市玉渊潭公园 6 种不同下垫面作为研究对象，进行了不同下垫面四季温湿效益的研究（图 3-14）。所选取 6 种下垫面分别为乔灌草下垫面、灌草下垫面、草坪下垫面、水体下垫面、铺装下垫面和建筑下垫面（分别简称为"乔灌草""灌草""草坪""水体""铺装""建筑"），每一种下垫面面积均为 1600m²，测试每种下垫面温度。实验在春夏秋冬四季各选取晴朗无风的天气下进行，分别得到各季不同下垫面温度的变化规律。

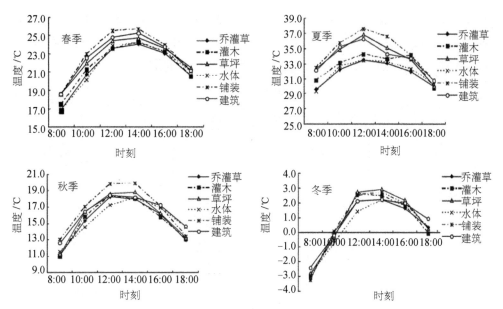

图 3-14　春夏秋冬四个季节不同下垫面平均温度随时间的变化[19]

结果表明：春季和夏季，不同下垫面日平均温度高低趋势一致，均为乔灌草＜水体＜灌草＜草坪＜建筑＜铺装；秋季为乔灌草＜灌草＜水体＜草坪＜建筑＜铺装；冬季为水体＜乔灌草＜灌草＜铺装＜建筑＜草坪。绿地夏季的降温作用要远高于春季，春季与秋季城市中的绿地和水体具有明显的微气候效应。绿地夏季的降温增湿效果最明显，其次为春、秋季，冬季的温湿效益最小。在春、夏、秋季，绿地具有降温作用，在冬季，绿地具有保温作用。夏季水体下垫面的降温作用比较明显，仅次于乔灌草下垫面，其降温值远高于其他类型的下垫面。

3.3　人工热排放

3.3.1　人工热排放概述

（1）人工热排放的定义

人工热排放是指城市活动时，使用的化石燃料、交通、工业生产、供冷、供暖、新陈代谢所产生的能耗与废热，它们被排放至城市环境中，对城市环境、城市及区域气候、空气质量等产生一定的影响[20]。

人工热排放是城市冠层内热收入的重要部分，大量的废热在人口高密度地区排放，对城市热岛效应有着显著的影响（图 3-15）。随着极端高温天气与城市热岛现象越发严重，及时统计人工热排放情况，在关键区域合理控制人工热排放，对改善城市热环境与微气候，提升区域热舒适度有着重要的意义。

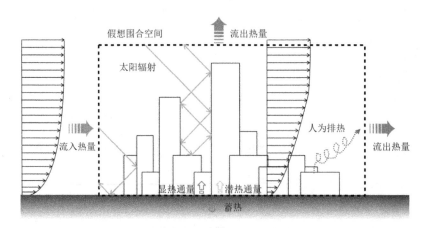

图 3-15　城市冠层内热收支

（2）城市人工热排放的计量方法

控制人工热排放需要合理的数据和理论支持，因此通过分析城市内部的能量消费过程，将人工热排放分为供给阶段、消费阶段、排出阶段 3 个部分（图 3-16）。从能源供给量得到的供给阶段的人工热排放量称为供给能源量，基本为城市消耗的电力、天然气、石油、燃煤等供给量。从能源消费量得到的消费阶段的人工热排放量称为消费能源量，如空调、汽车排热到大气、水等环境媒体中的热量。从环境排出的热量得到的排出阶段的人工热排放量称为环境排出量[21]。

评估人工热排放量，可以通过供给能源量、消费能源量或环境排出量获得相对数据，也可以对 3 个阶段进行综合考量。统计人工热排放的意义在于能够分析出人工热排放对城市热环境的短期和长期影响，针对不同的情况，做出合理的应对。

（3）人工热排放的变化特征

1）人工热排放随季节与时间的变化

温度是影响人工热排放的重要因素，随着季节和气温的变化，人工热排放处于一个长期的动态过程。如高温天气建筑制冷能耗的显著增加，以及冬季采暖的热排放的增加。

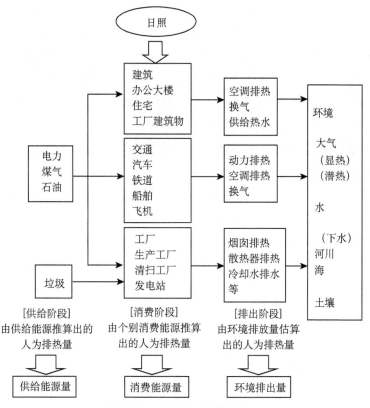

图 3-16　城市人工热排放过程

在夏季，人工热排放量有着明显的增加。因此，在极端高温天气的控制机制中，人工热排放的控制是非常重要的。根据排热时间和排热量来分析，在尽量减小对居民生活、经济生产活动影响的情况下，对人工热排放量进行有效的控制。

2）人工热排放的地域因素分析

全国人工热排放的空间分布与经济和人口分布特征相似，主要是东部高、西部低；在中国中部地区，人工热排放量在以武汉及其周边城市为中心的区域较大；在东北地区的工业和经济较发达区域，其人工热排放量明显高于附近地区；而在华北、华东和华南地区，大部分区域人工热排放量均较大，特别是在京津冀、长江三角洲、珠江三角洲地区，其热污染远远高于全国其他地区。

从分布的逐年变化来看，1990—2000 年全国人工热排放量的分布变化不大，增速较慢，2000 年以后，全国人工热排放量数值明显增加。到 2010 年，可以看到从北京到上海一线，基本全区域都高于 $1.5W/m^2$，部分地区甚至高于 $2.5W/m^{2[22]}$（彩图 3-17）。在京津冀、长江三角洲、珠江三角洲地区和成渝、辽宁中部、武汉及其周边城市群等区域的人工热排放量要明显高于周边其他地区。

可以看出，人工热排放的空间分布与城市群的分布特征非常一致，说明城市化发展导致了城市地区人工热排放量的快速增长，城市的经济水平与能耗水平决定了人工热排放的强度。因此在关注人工热排放情况时，经济、工业发达，人口密集的大城市为主要关注的地区。

3）能耗水平与人工热排放的关系

人工热排放与能耗水平是呈线性相关的，能耗越多，相应的人工热排放就越多。人工热排放越多，城市热岛效应越强烈，供冷所需要的能耗也就越多，又导致人工热排放量升高（图 3-18）。因此，不同的经济水平、交通情况、建筑分布与功能、当地的气候情况，都会对能耗与人工热排放水平产生影响。

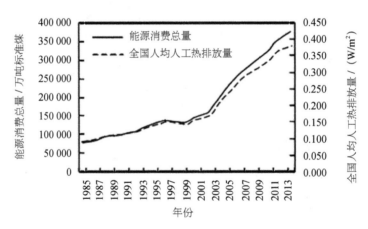

图 3-18　中国地区年能源消费总量和人均人工热排放量

我国 2008 年平均人工热排放为 $0.30W/m^2$，假设未来增长趋势不变，预计到2025 年全国平均人工热排放量将达到 $0.61W/m^2$，2050 年将达到 $1.07W/m^2$。可以预见，我国（特别是城市区域）未来人工热排放造成的热污染，以及对局部地区的气候和空气质量的影响将越来越严重。

（4）人工热排放对热舒适度的影响

人工热排放除了对城市热岛效应有所影响外，对小范围地区的热舒适度也有着重要的影响。在考虑人工热排放和微气候对区域的影响时，还需要参考大型汽车、建筑物、空调废热等因素对热舒适度的影响，书末彩图 3-19 为交通热排放和建筑热排放对局域气温及热舒适度的影响对比。在人工热排放的影响下，小范围区域的气温和不舒适度范围在人行道、车辆附近和空调废热排放口附近都有明显的提升，可见人工热排放对人的影响是非常明显的 [23]。

可以看出，在增加了人工热源的小范围区域，气温上升明显，直接影响了人的热舒适度，这种情况在极端高温天气下会显得更为严重，甚至对人体造成伤害。这也证明了在极端高温天气情况下，控制人工热排放的必要性。

3.3.2 建筑排热

（1）建筑热源

建筑热源主要包括公共建筑和民用建筑。由机械设备和家用电器，如空调、热水器、电脑、电暖设备等作为主要的排热源。由于建筑类型的不同，建筑的排热情况也大不相同，大致可以分为以下 3 类 [20]：

公共建筑：主要包括办公楼、商业设施、宾馆、学校及其他主要营业用建筑，其能源消费排热中最主要部分为空调排热。

居民住宅：家电制品、空调、淋浴器的能源消耗相结合考虑，户建和集合住宅的排热状态要做不同的考虑。

地下设施：地下设施的日照和换气形式有所不同，考虑到地下设施的特性，必须要做另外的考虑。

这些不同类型的建筑最终的排放则大致通过空调排热、燃烧废气、通风排热、围护结构散热及下水道排热。其中，空调排热是建筑排热的重要组成部分，建筑物热源产生的热、通过日照和围护结构进入的热、照明办公机器使用的热、厨房内燃气和电力的消费，最终大多都作为空调负荷通过空调机器外部被排出。因此关注和研究空调排热显得格外重要。

（2）建筑热排放的影响

关注建筑排热对于城市空间的影响最主要的就是关注空调排热。空调建筑的排热包括空调冷源系统排热和通风排热两个部分，按照排热模式又可以分为显热排热和潜热排热两种。显热（Sensible Heat）是指当此热量加入或移去后，会导致物质温度的变化，而不发生相变，即物体不发生化学变化或相变化时，温度升高或降低所需的热称为显热。这一部分通常直接导致热环境气温的升高。而潜热则与显热相对，指物质在等温等压的情况下，相变吸收和放出的热量。这一部分排热将会直接影响热环境的空气湿度。

按照相关文献估算（表3-4），对于一个比较典型的南方地区CBD来说，在夏季近一个月的高温期间内，空调冷源系统显热排热量大约为18.3kWh/m²，约占该部分城市空间显热热量的33%，与此同时，由于室内空调设定温度较低，使得建筑在通风换气过程中实质上起到了对室外气候冷却的作用，但这一部分所占比例很小。在潜热方面，针对前文同一典型南方CBD来说，空调冷源系统排热量累积值约为68.6kWh/m²，占总潜热量的70%。另外，由于室内空调设定相对湿度较低，使建筑排风实质上起到了对室外湿气候干燥的作用，这部分占总的潜热量的比例较大（约17%）[24]。

通过以上案例可以发现，对于城市冠层内热平衡来说，空调冷源系统的排热量占显热热量的33%，成为城市高温的主要原因之一。而在潜热方面，空调冷源系统的排热量约占74%，成为城市高温化的主要原因。

表3-4　计算期间单位区域面积热量累积值[24]

（单位：kWh/m²）

显热	边界层顶部人工热排放量	−34.75
	建筑排风排热量	−2.71
	冷源系统排热量	18.26
	交通排热量	4.24
	下垫面排热量	33.38
	大气空气块蓄热量	−18.42
潜热	边界层顶部人工热排放量	−64.49
	建筑排风热量	−16.51
	冷源系统排热量	68.61
	下垫面排热量	23.66
	大气空气块蓄热量	−11.27

3.3.3　交通排热

（1）交通热源

便利的交通促使了人们越来越依赖于各种交通工具，城市街道作为构成城市的重要单元，便成为人们和机动车最为密集的场所。它由城市覆盖层内相邻建筑物与地面围合形成类似峡谷的空间，是城市下垫面的重要组成部分，也是构成城市局地气候的重要因素。

交通热源主要考虑使用内燃机作为动力的汽车、船舶、飞机、电动车及铁路（地上、地下）等对象。其中汽车是交通中最大的排热源，因此可通过汽油等的消耗量计算其排热[25]。

据日本环境省的一项研究表明，车辆排热占据了人工热的28%。庞大的交通排热量将会随着机动车保有量的迅速增长而越来越高，对城市热环境的影响也会越来越大[10]。

（2）交通热排放的影响因素

交通人工热主要与机动车工作消耗的各种燃料（柴油、汽油、石油等）有关，各种燃料热值有所不同，汽油平均热值为34.8MJ/L，柴油平均热值为35.9MJ/L，液化石油气平均热值为26.0MJ/L。以广州市为例，表3-5为广州市各车型消耗燃料的比例。

表3-5　广州市各车型的柴油、汽油车和液化石油车比例（%）[26]

燃料	小型客车	小型货车	大型客车	大型货车	摩托车
汽油	97.30	33.93	18.70	0.00	100.00
柴油	0.00	66.07	72.20	100.00	0.00
液化石油气	2.70	0.00	9.10	0.00	0.00

从交通排热量来看，交通排热的多少主要与车流量、车型和排量、车辆颜色有关。

车流量：行驶车辆数目，行驶中的车辆数目越多，交通排热量也就越大。

车型和排量：车辆在行驶过程中，发动机发热量的50.5%被冷却水散失掉，5.4%被发动机润滑机油散失掉，44.1%被废气和其他散热渠道排放掉。车型和排量的大小也就直接影响了交通排热量的大小。

颜色：受太阳辐射影响，深色系车种的车体表面温度比浅色系车种高出很多，同时周围的空气温度也明显升高。

3.3.4 生产排热

（1）生产热排放的来源与影响

生产热排放指的是在生产过程中，由于工厂的生产工序而被消耗的煤炭、石油、火电、核电等能源，主要包括火力发电站中没被利用而作为废热向环境中排出的热量、工厂锅炉排热、焚烧垃圾等。火电厂、炼钢厂、工厂的燃烧设备是其主要的来源，主要包括使用熔融炉和锅炉等燃烧设施的工厂，作为动力来源的化学反应、电力等产生的热量。另外，工厂的建筑物（如照明和空调）排热，生产工序的能源消费、余热等都是人工排热源。

发电、炼钢等工业生产活动产生热排放是一个长期的过程，排放源周围的热环境和生态环境都会产生相应的变化。因此，在规划阶段对生产热排放可能产生的影响进行评估，对生产热排放量和排放地点进行严格的控制，保证其远离市区且尽量减少其对环境的影响，不仅对极端高温天气的控制有积极的意义，更对当地的生态环境有益。

（2）生产热排放的控制

世界各国工业能源消费一般只占能源消费总量的 1/3 左右，而在我国，工业能耗占比近 70%，许多经济大省工业能耗占比甚至显著高于 70%。大量的工业能源消耗不仅对城市的空气质量有所影响，而且其产生的工业热排放对城市气候会造成长期的负面影响，导致极端高温天气的时间变长，最高温度上升，城市热岛范围变大。

在极端高温天气的情况下，对生产热排放的控制是最重要且有效的手段。生产热排放相对集中且排放量大，相比于建筑热排放和交通热排放，对生产热排放的控制较为容易，影响范围小，影响人数少，但是控制生产所产生的经济损失也相对较大，对生产热排放的控制应该谨慎、合理且有效。

生产热排放的控制手段分为应急手段和长期控制两种。在极端高温天气时，根据工业生产对城市热岛的影响等级，可采用应急控制手段。参考工业生产离城市高温区域的距离、热排放量、高温时段主风向等因素，对影响等级较高的工业生产，可以采用如停产、限产、限电、改变生产时间等方法进行限制。由于高温天气时，也是城市的用电高峰期，因此不建议对发电厂进行热排放限制。

而长期的控制手段，需要环保部门对工业生产的能效与排放进行有效的监管与控制，增加节能支出专项，支持节能科研和技术开发；支持节能示范项目和示范工程及节能新技术的推广等。通过增加促进节能的财政支出，合理引导产业发展和能源消费。

参考文献

[1] 中华人民共和国建设部.城市规划基本术语标准：GB/T 50280—1998[S].北京：中国建筑工业出版社，1999，1.

[2] 鹿丰玲.城市扩展对气温影响的研究——以南京为例[D].南京：南京信息工程大学，2015.

[3] 王志远，郑伯红.城市空间紧凑度与碳排放强度相关性分析[C].转型与重构——2011中国城市规划年会论文集，2011.

[4] 崔耀平，刘纪远，张学珍，等.城市不同下垫面的能量平衡及温度差异模拟[J].地理研究，2012，31（7）：1257-1268.

[5] 蔡博峰.城市与气候变化[M].北京：化学工业出版社，2011，12.

[6] 赵展慧.我国城镇化率已达56.1%，城镇常住人口达7.7亿[N].人民日报，2016-02-02.

[7] 赵守栋，王京凡，何新，等.城市化对气候变化的影响及其反馈机制研究[J].北京师范大学学报（自然科学版），2014（1）：66-72.

[8] 李毓芳，鹿晓丹，高坤.地面热通量对降水的影响[J].大气科学，1991，15（5）：106.

[9] 王露，封志明，杨艳昭，等.2000—2010年中国不同地区人口密度变化及其影响因素[J].地理学报，2014，69（12）：1790-1798.

[10] 陈哲超.单体汽车散热特征研究[D].广州：华南理工大学，2012.

[11] 俞布，缪启龙，徐永明，等.城市下垫面类型与地表温度之间的关系分析[C].第27届中国气象学会年会城市气象让生活更美好分会场论文集，2010.

[12] 周雪帆.城市空间形态对主城区气候影响研究[D].武汉：华中科技大学，2013.

[13] 刘术国.大连典型城市街谷热环境与形态设计[D].大连：大连理工大学，2014.

[14] 王丽萍.城市下垫面对微气候影响研究[J].现代农业科学，2009（6）：188-189.

[15] 刘霞，王春林，景元书，等.4种城市下垫面地表温度年变化特征及其模拟分析[J].热带气象学报，2011，27（3）：373-378.

[16] 郑祚芳，高华，王在文，等.城市化对北京夏季极端高温影响的数值研究[J].生态环境学报，2012（10）：1689-1694.

[17] 郑耀星，杨明.城市化对区域温度的影响及对策研究——以深圳市为例[J].吉林师范大学学报（自然科学版），2016，37（1）：132-136.

[18]　王朝春. 城市气候高温化的成因与对策——以福州市城区为例 [J]. 城市问题，2006（9）：98-102.

[19]　吴菲，朱春阳，李树华. 北京市 6 种下垫面不同季节温湿度变化特征 [J]. 西北林业学院学报，2013，28（1）：207-213.

[20]　张弛，束炯，陈姗姗. 城市人为热排放分类研究及其对气温的影响 [J]. 长江流域资源与环境，2011，20（2）：232-238.

[21]　陆燕. 典型区域人工热排放研究 [D]. 南京：南京大学，2015，5.

[22]　陈曦. 2001 年至 2009 年中国分省人工热通量的计算和分析 [C]. 第 28 届中国气象学会年会——7 城市气象精细预报与服务，2010.

[23]　Nabil Girgisa，Sarah Elarianeb，Mahmoud Abd Elrazika. Evaluation of Heat Exhausts Impacts on Pedestrian Thermal Comfort[J]. Sustainable Cities and Society，2015，6.

[24]　朱岳梅，刘京，姚杨，等. 建筑物排热对城市区域热气候影响的长期动态模拟及分析 [J]. 暖通空调，2010，40（1）：85-88.

[25]　俞溪，孟庆林. 基于车辆影响的城市街谷热环境研究 [D]. 广州：华南理工大学，2014.

[26]　王志铭，王雪梅. 广州人工热初步估算及敏感性分析 [J]. 气象科学，2011，31（4）：422-430.

第四章 高温极端天气事件的演变机制和风险识别

4.1 我国高温极端天气事件时空分布特征

我国极端高温日数趋于增多，强度趋于加大，影响范围趋于扩大。1951—1990 年我国平均最高温度略有上升，最低温度显著增高，日温差显著变小[1]。从时空分布来看，近四五十年中，极端高温天气日数趋于增多，极端高温天气的温度也不断增高，而且高温天气不仅仅局限于南方城市，北方某些城市也受到极端高温天气的影响。由于极端高温天气趋于增多，使得新中国成立初期的"四大火炉"：重庆、武汉、南京、长沙，增长到现在的"十大火炉"：福州、杭州、重庆、长沙、武汉、海口、南昌、广州、西安、南宁。

《中国极端天气气候事件和灾害风险管理与适应国家评估报告》（以下简称《报告》）于 2015 年 3 月正式发布。《报告》指出，中国极端天气气候事件种类多、频次高、阶段性和季节性明显，区域差异大，影响范围广。气候安全是国家安全体系和经济社会可持续发展战略的重要组成部分，应根据国家应对气候变化战略，确定中长期气候安全目标[2]。21 世纪中国的高温事件呈增多趋势，预计到 21 世纪末，中国高温灾害风险加大，城市化、老龄化和财富积聚对气候灾害风险有叠加和放大效应。

在我国极端高温年际变化特征研究中，从长沙、杭州、深圳、广州、武汉、上海各站点实测年份显示的高温日数分布、变化趋势、年际高温日数可以看出，50 年来各城市的年均高温日越来越多，增长趋势也越来越明显。尤其是长沙、广州增长趋势尤为明显（图 4-1）。

高温热浪是发生在我国夏季主要的极端天气气候事件。近年来高温热浪不仅发生在"火炉"城市，全国其他地方也频繁出现极端最高气温，当地极端最高气温历史纪录被屡屡打破。例如，2009 年长沙夏季高温日数达 45 天，远超 1987 年的 5 天；2003 年上海夏季高温日数达 40 天，逼近历史极值 1953 年的 42 天；

南京极端最高气温达 40.3℃，创 20 世纪 70 年代以来的极值等。因此，分析我国高温极端天气事件的时空分布特征，了解其变化规律，对预防及应急响应工作具有重要的现实意义。

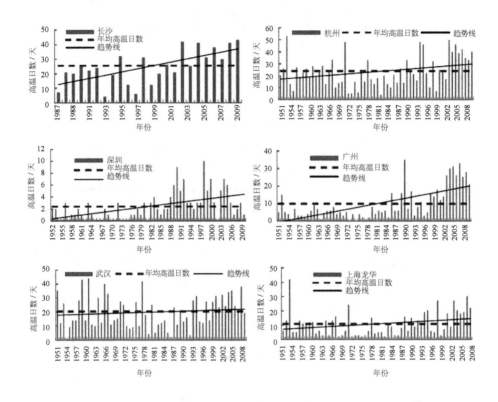

图 4-1 长沙、杭州、深圳、广州、武汉、上海高温日年际变化 [1]

4.1.1 高温极端天气事件空间分布特征

50 多年来的统计结果显示，年平均高温日数（最高气温 ≥ 35℃ 的日数）排名前 10 位城市分别是重庆（31.4 天）、长沙（27.3 天）、福州（27.3 天）、南昌（27.3 天）、海口（27.3 天）、杭州（27.3 天）、西安（27.3 天）、武汉（27.3 天）、郑州（27.3 天）、南宁（27.3 天）。昆明和拉萨从来没有出现过 35℃ 以上的高温，两城市历史极端最高气温分别为昆明 31.5℃（1958 年 5 月 31 日）和拉萨 29.9℃（1998 年 6 月 15 日）。

对多数地区而言，高温热浪事件并非年年发生。从书末彩图 4-2 可以看出，北方地区年均热浪次数仅为 0.1 ～ 0.3 次，而江淮、江南大部和四川盆地东部等地年均热浪次数一般为 0.4 次以上，其中，江西北部、湖北东部、浙江北部高温热浪频次最高，达到 0.5 ～ 0.7 次，这说明江西、湖北、浙江是高温热浪事件的重灾区。

从彩图 4-2 可以看出，高温热浪天气主要出现在我国南方地区，其中江淮、江南及四川盆地，年均 3 ～ 5 天，浙江、江西最多，年均可达 5 ～ 6 天。事实上，夏季高温热浪日数的年际变化也很大。统计显示，全国大部分夏季高温热浪日数的最大值一般在 10 天以上，而福建、浙江、江西的局部地区甚至可达 30 天以上，表明这些地区夏季 1/3 的时间被高温热浪天气所笼罩。

从全国主要省会城市年平均高温日数分布来看，我国东部地区，特别是东南沿海和长江中下游地区是主要的高温分布区，高温热浪主要出现在东部地区，而长时间（连续 5 天以上）的高温热浪则主要发生在长江流域地区。我国东北、西北和西南省会城市高温天气出现频率低，相对变化率较大，而高温日数相对多的长江流域和东南沿海高温相对变化率较小。

分析全国主要省会城市 50 多年高温日数变化趋势系数（显著水平为 0.05 的检验）可以发现，高温日数趋势总体上呈现有升有降的趋势，且全国历年高温日数变化自东南向西北呈现"增—减—增"的趋势。其中东南沿海城市上海、杭州、福州、广州等呈现增加趋势，东北至西南一线呈现减少趋势，而华北、西北城市又呈现增加趋势。其中广州、福州、上海、天津呈现比较明显的增加趋势，而贵阳、长沙、郑州、济南显现比较明显的减少趋势。

我国大陆气温南北变化平均温度、平均最高温度区域差异具有一致性，均由北至南逐渐升高，平均温度区域最大温差 18.32℃，平均最高温度区域最大温差 14.83℃。东北地区极端最高气温与平均最高气温差、极端最高气温与平均气温差均为区域间最大，西北西部次之，西南为最小；青藏高原平均最高气温与平均气温差最大，长江中下游和华南地区最小。

4.1.2　高温极端天气事件时间分布特征

长江流域地区、黄河下游地区极端最高温度在 20 世纪 90 年代前表现出下降趋势。各区域在 20 世纪 50 年代初期均明显偏暖，而从 20 世纪 50 年代后期、60 年代初期开始急剧下降 1.3 ～ 2.0℃后，虽有波动性但呈微弱上升趋势。青藏高原地区自 20 世纪 50 年代达到最高值开始，急剧下降至 20 世纪 60 年代后期的最低值，而后呈缓慢上升趋势，2000—2005 年有些许回落。

我国年平均最高气温的变化为：20 世纪 80 年代初为平均最高气温最低的时期，除西南地区外各区域均于 20 世纪 80 年代后呈现明显的升温；西南地区在 20 世纪 70 年代中期以前呈微弱的下降趋势。我国北方地区在 20 世纪 50 年代初平均最高气温较高，20 世纪 50 年代中期较低，华北、西北东部、西北西部 20 世纪 60 年代至 80 年代初温度均较低，而在 20 世纪 80 年代中后期开始明显上升。

进入 20 世纪 90 年代以后，全国高温日数呈增加趋势。1996—2005 年 10 年平均高温日数在绝大多数城市都表现为增加的趋势。常年平均相比，广州增加最多、天津增加次之；乌鲁木齐减少最多，南昌减少次之。2001—2005 年 5 年平均高温日数与常年平均相比，也是广州增加最多，上海增加次之；乌鲁木齐减少最多，南宁减少次之。

以出现高温日数较多的 18 个省会城市分析高温热浪的季节分布特征。各城市高温出现的早晚和强度有明显差别，总体上呈现出 5 月出现在华南、6 月中下旬跳跃到华北、7 月中旬至 8 月上旬维持在长江流域的季节内分布格局。华北中部城市高温出现明显的双峰型，第 1 峰值出现在 6 月中下旬，第 2 峰值出现在 7 月下旬；华东和华中城市高温出现比华北约推迟一个月，高温高峰集中出现在 7 月中旬至 8 月上旬；华南地区城市高温以波动性的多峰形态出现；其他省会城市高温出现较少，高温出现的早晚不定。

武汉市作为湖北省的特大城市，是湖北省的政治、经济、文化中心，人口超过 900 万，国民生产总值约占湖北省 40%，也是我国中部地区的交通、通信、金融、科技、教育、重工业、小商品批发等多重中心。武汉地处长江中游，夏季降水、冬季低温年际差异大。随着全球气候变化，武汉的气候也发生了显著变化：年平均气温升高，降水增多，暴雨发生频率增多。另外城市的发展也带来了某些极端天气的改变，如城市热岛、雨岛、雷电岛等。

武汉市 1951—2007 年 5 项年气温要素变化趋势见表 4-1 和图 4-3。5 项气温要素均表现出一致的升温趋势，其中年平均最低气温、极端最低气温、平均气温上升趋势明显：年极端最低气温增温速度最大，57 年上升了 7.1℃ [5]；平均气温增速最显著，57 年上升了 1.9℃ [5]；年平均最高气温在 20 世纪 80 年代后期开始上升。

表 4-1　武汉市 1951—2007 年 5 项年气温要素变化趋势 [5]

	平均气温	平均最高气温	平均最低气温	极端最高气温	极端最低气温
气候倾向率（℃ /10a）	0.3302	0.193	0.4492	0.1409	1.2538
57 年升温幅度（℃）	1.88214	1.1001	2.5604	0.8031	7.14666
相似系数 R	0.715262	0.463141	0.73641	0.173494	0.57931

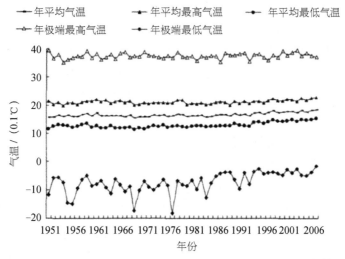

图 4-3　武汉市 1951—2007 年 5 项年气温要素变化趋势 [5]

　　姚望玲等 [6] 根据 1951—2007 年平均、最高、最低气温与 8 类年极端天气日数的序列，计算分析气候变暖与极端天气事件之间的因果关系。研究发现近 57 年武汉年最低气温增幅为 0.45℃ /10a，明显高于年平均最高气温 0.19℃ /10a 的增幅；高温、闷热天气事件有增多趋势，而雷暴、降雪、低温、大风、雾日均为下降趋势，雷暴、雾和低温事件降幅明显；气候变暖是闷热天气增多和降雪事件减少的原因，也是大风和低温事件减少的原因。

　　联合国政府间气候变化专门委员会第 4 次评估报告（IPCCAR4）指出，20 世纪后 50 年北半球平均温度是近 1300 年中最高的，全球气候变暖已是不争的事实。气候变化没有国界之分，湖北气候变暖早已得到证实。另外武汉作为华中特大城市，受气候变暖的影响日趋明显，而且极端天气事件有扩大趋势。

4.2 高温极端天气导致的灾害

极端高温与大风、暴雨、冰雪等一样，是一种重大气象灾害。这种灾害的影响虽然看似较"静态"，但危害却十分严重，其对人类和人类活动的破坏性影响包括气象灾害和气象次生灾害。它不仅影响到社会经济的发展，对人类生存、水资源和生态环境也造成严重威胁。

4.2.1 城市高温灾害

研究表明,极端高温天气带来的高温热浪对城市人群的影响较农村更为显著。一方面，城市热岛效应已经成为许多城市面临的一个共同问题。城市热岛效应放大了夜间的温度，导致在高温期间，城市区域人群的高温死亡敏感性较农村和郊区明显。另一方面，高温期间污浊的大气条件加剧城市空气污染，与此同时又对高温热浪带来一定的负面影响，二者相互作用增加了对人类健康的危害。城市高温灾害主要体现在以下几个方面：

（1）引起供电、供水紧张

高温与城市用电量存在着正相关关系。高温期间，许多家庭、办公场所开启降温设备，引起耗电量剧增，而电力负荷的增加又造成过多的人为热量向城市空气中释放，加剧了城市的热岛程度，反而需要更多的电力用来降温，导致电力供应紧张。此外，高温期间工业生产、绿化带维护、居民生活等的用水量急剧增长，加之每天给道路洒水降温等，加大了供水负担。

（2）造成部分产业的延缓与停滞

在高温环境下，一些机电设备一旦超过极限安全温度将被迫停机冷却，造成停工停产；持续高温对水泥与制片、混凝土施工（易升温）的凝合和保养极为不利，影响施工质量，增加施工劳动强度，延长施工时间。高温对食品加工业也非常不利，会影响易挥发性食品的生产和存放。高温影响工业生产还表现为高温影响劳动生产率。在温度高、气压低的湿热天气，人的情绪会有强烈波动，劳动生产率降低。

（3）对交通运输产生不利影响

高温对交通运输有着明显的影响。若出现持续高温，能源需求量暴增可能造成空中和路面交通陷入混乱，容易发生汽车自燃事件，高温天气时交通事故会增加，对飞行安全和航空运输均有很大影响。此外，高温天气引起的供电紧张可能导致机场因电力中断而关闭，旅客受困；也会导致地铁因电力中断，路线停止运行。

4.2.2　威胁人类健康及生命

极端高温加剧人体的内能消耗，造成眼花、耳鸣、呕吐或者丧失意志，引起热相关疾病甚至死亡等。研究指出，当气温达到30℃以上时，人体生理活动开始受到影响，甚至造成人体调节功能大减，引起昏厥、中暑。持续多日的高温酷热易使人们情绪烦躁和发怒，犯罪率和交通事故也会较平日增多。

（1）危害人类健康

极端高温对人体健康的影响主要表现为以下两个方面：

一方面，极端高温对老年人、婴幼儿等高危人群的影响更为显著。老年人或婴幼儿等因其体温调节系统的退化或者发育不完善，使其罹患疾病的风险相应增高，极端高温期间或之后，与热有关的疾病的发病率和死亡率在老年人群中较为突出。此外，儿童和婴幼儿因有限的体温调节机制而导致其受高温天气影响的危害性高于成年人。

另一方面，气温升高为虫媒及病原体的寄生、繁殖和传播创造了适宜的条件，同时也可使虫媒体内病原体的致病力增加，从而增加传染病的流行程度及范围，进而对人体健康造成间接危害。

（2）造成人类死亡

目前国内外研究证实了极端高温可以引起不同程度的死亡。据报道，高温阈值每增加1℃，人群死亡风险增加1.03倍。温度和人群死亡的关系呈现出J形或U形曲线，最适宜的平均温度在15～25℃，在温度相对适宜的情况下死亡率最少，随着温度的升高或者降低，死亡人数呈上升趋势。极端高温导致死亡主要通过两种方式：首先，高温天气易使人中暑，如不及时治疗将发展为热衰竭，最终导致死亡；其次，高温热浪使人体某些基础性疾病加重而导致死亡的发生，由此引发的死亡远远超过直接由中暑导致的死亡。

4.2.3　破坏自然环境

（1）引起大气污染

高温天气引起的大气污染加剧现象在城市中尤为严重。城市地面散发的热气，形成近地面暖气团，使得城市烟尘流通受阻，对人体形成有害的"烟尘穹隆"。此外，高温还加快光化学的反应速率，从而使大气中的臭氧浓度上升，加剧对大气的污染。高温还会加快城市废气中氮氧化物和碳氢化合物的光化学反应，形成光化学烟雾，从而导致地表臭氧浓度升高，破坏大气环境。

（2）极易引发森林或草原火灾

伴随着高温而来的往往是干旱，则火灾的发生率就会急剧增加，其中森林或草原火灾对社会和自然环境造成的影响是十分严重的。近几年来国内外由极端高温天气引起的森林灾害频发。2010 年夏季，俄罗斯遭遇极端高温天气，随之而来的是大面积的干旱，空前的高温造成了 17 个地区的森林大火此起彼伏，更严重的是火灾靠近核废料加工厂，险些酿成核泄漏灾难，火灾造成至少 52 人死亡，超过 3500 人无家可归。2015 年 6 月，由于持续的高温少雨天气使我国海南省昌江县遭遇了重度气象干旱，发生森林火灾，大火绵延 15km。

（3）引发水源污染

持续的高温天气还可引发大面积蓝藻发生，导致水源污染。2013 年 8 月，浙江绍兴古镇安昌受持续高温的影响，河水中蓝藻繁殖速度非常快，导致大面积蓝藻暴发。2012 年 7 月，江苏省无锡市遭遇持续一周以上的高温天气，引发太湖蓝藻大面积肆虐。这些由极端高温天气带来的水源污染现象，不仅对旅游业和水中鱼类造成影响，严重时还会对人体的健康构成直接危害。

4.2.4　农林牧业、养殖业减产

（1）农林牧业作物受损

极端高温天气加速土壤水分的蒸发速度，使土壤含水量迅速下降，使农作物生长受损，持续的高温少雨极易造成干旱，影响作物生长发育，使农林牧业的产量和品质明显降低。高温还加快了土壤水分蒸发速度，使土壤含水量迅速下降，大气干旱和土壤干旱的同时发生，会造成严重干旱或加重干旱的严重程度，使农作物受损。

（2）养殖业减产

环境温度较高，动物较难散失代谢产生的热量。极端高温天气下，强烈的太阳辐射影响动物机体的热调节，破坏热平衡，致使动物体内的酶活性下降或失去，蛋白质凝固变性，氧气供应不足，排泄器官功能失调及神经系统麻痹等。这些均对养殖业造成不良影响。

4.3　高温下受灾风险因子分析

高温极端天气是一种较为常见的气象灾害，给人民生活和工农业生产带来严重的影响。随着国民经济的发展和人民生活水平的提高，高温灾害的影响越来越显著。近年来，随着全球气候变暖，高温极端事件发生的频率增加、强度增强，已成为各级政府和社会关注的热点问题。高温极端天气从发生到产生灾害是一个复杂的变化过程，辨析高温极端天气下的受灾风险因子，识别灾害中最容易面临风险的关键部位及促使风险事件发生的原因，对于降低高温极端天气带来的不利影响将具有重要意义。

4.3.1　主要受灾对象分析

（1）城市关键对象

1）高温灾害涉及较多社会经济和环境条件因素的影响，如工业、商业、企事业单位、人口高密度区的空调、电扇等降温设备的使用，会造成用电量超负荷。目前，电力供应紧张状况在短时间内难以缓解。一旦发生电力故障，就可能导致城市大范围停电，给城市经济发展带来严重损失。停电还会对自来水企业造成更大的威胁。连续高温使城市用水量直线上升，高峰供水局面更是紧张异常。自来水厂如果在毫不知情的情况下突然断电，管网压力会发生突变，产生瞬时高压，很可能造成瞬间管网压力剧烈波动，引起水管爆裂，从而造成大面积停水事故，城市生产将会陷入瘫痪。

2）在温度高、气压低的湿热天气里，人的情绪会有强烈波动，心理也会受到刺激，导致出汗、心跳加快、自主神经功能亢进，专注度随之降低。加之汽车尾气在强烈的阳光下会产生"光化学污染"，让人感觉到"晃眼"，加剧了人们心烦意乱的感觉，也可能诱发人们注意力不集中，导致交通事故发生。

3）随着城市经济的发展，城市功能的扩大，城市物质财富增多而且更加集中。加之工业生产过程中大量用水、用电、用气和化学易燃物品，特别是轻纺、化纤、橡胶等行业，还有易燃易爆的仓库。这些物质的主要操作、保存过程中若遇到高温天气，尤其是持续高温，容易自燃起火、造成火灾。

（2）人类群体关键对象

1）高温除了直接的中暑死亡外，也容易侵袭患有心脑血管疾病、呼吸系统疾病的患者，导致病情恶化而提早死亡。人类为了保持体温恒定，要不断与外界进行热量交换，而在高温环境里，体温调节机制暂时发生障碍而引起体内热蓄积，导致中暑。对于患有心脑血管疾病及高血压的人群，由于人体排汗受抑制，心肌耗氧量增加，使心血管处于紧张状态。闷热还导致血管扩张、血液黏稠，易发生心梗、脑梗或脑出血。

2）高温期间，65岁以上老年人死亡率增加更为明显。婴幼儿因高温而引起的危险性同样很大，患有某些疾病，如腹泻、呼吸道感染和精神性缺陷的婴幼儿最易受到高温危害。

3）高温频发于每年夏季，但是高温发生的区域、时间、频次和强度都是有变化的，这种变化在中纬度地区最大，使得中纬度地区的人群对高温最敏感。高温发生的季节早晚对健康的影响程度有差异，由于人的气候适应性，发生在夏季初的高温影响要大于夏季末的高温。而高温热浪对人体健康的影响也具有延迟和滞后效应，热浪与人群死亡相关性最大一般出现在当天和随后的3天。

4）高温对人体健康的影响还与城市生活状况、社会经济因素和预防干预措施等有关。城市生活状况是一个重要的因素，住在顶楼、闹市区、没有空调环境的居民区具有较高的"与热有关"的发病率和死亡率。社会经济因素包括贫富差异、社交面及受教育程度等也存在一定影响，在高犯罪率地区定居、很少接触媒介（如电视、报纸）的人往往缺乏高温热浪危害的意识和降低危险的方法。

5）在城市里，城区的温度和污染程度要高于郊区和农村，而高温又与高污染水平相联系，这导致高温对城区人口的健康影响更严重。

4.3.2　高温灾害风险因子分析

当前，引起高温灾害风险的原因很多，气候异常、温室气体、城市建筑、城市变暖、植被状况及人类活动等因素都会造成不同地区、不同危害性高温日数及强度的分布变化。

（1）气候变暖

近百年来，地球气候正经历一次以全球变暖为主要特征的显著变化。这种全球性的气候变暖是由自然的气候波动和人类活动增强的温室效应共同引起的。全球气候变暖主要是人类使用化石燃料排放的大量二氧化碳等温室气体的增温效应造成的。大气中的温室气体可以使太阳的短波辐射几乎无衰减地通过，又可以吸收地面的长波辐射，从而使地表升温。由于全世界矿物能源消耗的不断增加和工业的迅速发展，大量排放以二氧化碳为代表的温室气体，森林、草地及绿色植物锐减，地面所释放的热辐射受温室作用的影响难以逸出大气层，日积月累使全球逐步变暖。除了温室气体的直接排放以外，全球的土地利用状况和土地覆盖类型也发生了很大变化，加强了全球变暖的程度。城市作为众多工矿企业、大量人口的聚集地，在向大气中释放大量二氧化碳和加剧"温室效应"的同时，也不可避免地受到全球变暖的影响。气候的变暖使得未来热极端事件、热浪事件等的发生频率很可能持续上升，导致水分蒸发量增加，干旱发生频率增多；物种分布迁移，物种灭绝风险增大；热浪导致与高温相关疾病的发病率和死亡率上升，某些疾病传播媒介的分布发生变化。

（2）热岛效应

城市热岛效应是指城市气温高于四周郊区的温差现象。形成原因主要有：①人为排放热量大。城市由于人口、生产、交通集中，在工业生产、家庭炉灶、内燃机燃烧、机动车行驶等方面消耗能源的同时，都有一定的"废热"排放，使城市区域增加许多额外的热量收入，出现高温热害的可能性加大，而在这样的区域一旦出现灾害，造成的影响和损失程度较大。②"微尘云"的增温作用。城市的工厂及居民生活不断向大气中排放气体、烟尘，使城市上空的空气污浊不堪，在城市上空形成一种"微尘云"，这种微尘云和温室气体都有阻隔热量向外散发的作用，它们就像保温层一样包围在城市上空，导致城市上空的空气比同地区的农村温度高。③城市中密集高层建筑物的作用。由于城市中高层建筑物鳞次栉比，使地面风速明显减小，不利于城市热量的扩散。混凝土、柏油路面及各种建筑墙面等人工建筑物吸热快而热容小，在相同的太阳辐射条件下，其表面温度明显高于绿地和水面，从而改变城市区域的能量平衡，这会加重城市高温热害程度和影响。④城市绿地和水体少的不利影响。随着城市中建筑、广场和道路的大量增建，而绿地、水体等自然因素却相应减少，吸热因素减少，缓解热岛效应的能力自然就被削弱。因此，城市地面在白天吸收太阳辐射比乡村多，气温高，形成"城市热岛"。在夏季，城市热岛效应会加剧城市高温的酷热程度，增加因空调降温而带来的能源消耗、环境污染，而热浪又往往与高污染水平相联系，影响人民生活质量。由于城市"热岛效应"，市区温度不仅高且持续时间长，炎热强度及持续时间比瞬时最高温度对死亡率有更大影响。

4.4 极端高温天气风险评估指标的确定

本书结合前人研究成果并根据对极端高温天气风险的理解，认为极端高温天气风险是在一定的背景中，由极端高温天气灾害的危险性（H）、承灾体的脆弱性（V）和防范能力（R）3 因素的综合效应形成的。危险性表示极端高温天气的强度和频率特征；脆弱性表示该研究区域的人体健康和经济社会系统遭受极端高温天气威胁和破坏的性质；区域综合防范能力反映人类社会应对灾害的主观能动性，包括灾害预警、医疗水平和政府应变能力等。由此建立如图 4-4 所示的高温热浪风险概念模型。

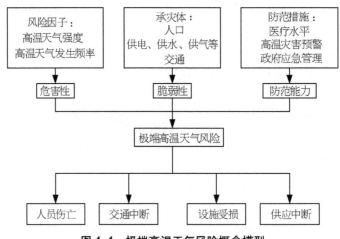

图 4-4 极端高温天气风险概念模型

根据极端高温天气风险概念模型及灾害风险评价指数法，建立如图 4-5 所示的极端高温天气灾害风险评估指标体系。本指标体系包括目标层、准则层和指标层。最高层为极端高温天气灾害风险指数 RI，表示遭受极端高温天气袭击的可能性及由此造成损失的严重程度，它由极端高温天气危险性、各承灾体的脆弱性及防灾减灾能力综合作用决定。极端高温天气的危险性由其频率和强度决定。由于极端高温天气灾害影响非常广泛，包括人体健康、工业、交通等各个方面，这里仅以人口、交通和工业 3 类承灾体为例，进行脆弱性分析。另外，区域综合防范能力涉及该区域的经济实力、科技实力和政府应急处理能力等，对其进行全面准确的评估非常复杂，这里仅以公共财政支出、医疗机构数和卫生技术人员数量进行简单的量化评估。

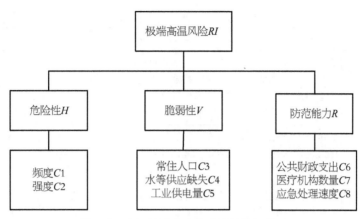

图 4-5　高温热浪灾害风险评估指标体系

各指标含义及量化方法如下。

①频率（$C1$）：每年发生极端高温天气的总天数，采用所选城市近 10 年（2003—2012 年）所有的高温天气总天数的年平均值表示。

②强度（$C2$）：根据高温天气的日最高温度和表 4-2 划分的分级标准，计算全年的高温强度值。高温强度用所选城市近 10 年高温强度值的平均值表示。

③常住人口（$C3$）：受极端高温天气影响的人口数，其值越大，潜在的灾害风险越大。

④水等供应缺失（$C4$）：极端高温天气可能会带来水、天然气等资源的供应不足，其值越大，资源供应脆弱性越高。

⑤工业用电量（$C5$）：温度是影响电力系统负荷的重要因素之一，工业用电量越大，越容易导致电力供应紧张，受极端高温天气灾害袭击的影响越大。

⑥公共财政支出（$C6$）：反映政府紧急状态下的应变和协调能力，其值越高，潜在灾害风险越小。

⑦医疗机构数量（$C7$）：提供医学救治场所和设备，降低极端高温天气风险。

⑧应急处理速度（$C8$）：对高温带来的灾害处理速度，尽可能降低因极端高温天气所造成的损失。

表 4-2　各级响应的评估标准

响应级别	评估标准
Ⅰ级响应	当中央气象台连续 2 天发布高温红色警报，且预计未来 3 天以上上述警报区的大部地区仍将达到高温红色警报标准；或者上述天气已经出现，且已经对群众健康产生特别重大威胁，中暑患者爆发性增多，经济、社会活动受到特别重大影响，城市用电特别紧张，拉闸限电频率显著增加
Ⅱ级响应	当中央气象台连续 2 天发布高温红色警报，且预计未来 3 天内上述警报区的大部地区仍将达到高温红色警报标准；或者上述天气已经出现，且已经对群众健康产生重大威胁，中暑患者明显增多，经济、社会活动受到重大影响，城市用电明显紧张，拉闸限电频率明显增加
Ⅲ级响应	当中央气象台连续 2 天发布高温橙色警报，且预计未来 3 天以上上述警报区的大部地区仍将达到高温橙色警报标准，或未来 3 天内上述警报区的大部地区将达到高温红色警报标准；或者上述天气已经出现，且已经对群众健康产生较大威胁，中暑患者开始增多，农作物生长受到较大影响，城市用电较紧张，拉闸限电频率开始增加
Ⅳ级响应	当中央气象台连续 2 天发布高温橙色警报，且预计未来 3 天内上述警报区的大部地区仍将达到高温橙色警报标准；或者上述天气已经出现，且已经对群众健康产生威胁，农作物生长受到一定影响，城市用电开始紧张，出现拉闸限电情况

以武汉作为实证研究的对象进行评估建模与实验仿真。根据极端高温天气风险评估指标体系的特点及评价的内容，采用犹豫层次分析法进行极端高温天气风险评估。用犹豫层次分析法确定权重如下：

首先采用犹豫层次分析法（H-AHP）确定各评估指标的权重。犹豫层次分析法（H-AHP）适用于解决实际风险评价中的模糊性和犹豫不决的情况，可最大限度地保留决策者提供的有多个可能值的偏好信息，提高最终方案排序的可信度。构造概率型犹豫积型偏好关系，具体计算步骤如下所示。

对于一个控制属性，将决策问题分解，构造从上到下的结构层次，包括控制层、属性层和方案层。每一层次还可包含子层次。对于一个集合 $X=\{x_1, x_2, \cdots, x_n\}$、假设决策者对 X 中的元素进行两两比较，然后给出概率型犹豫偏好信息，根据专家意见构造概率型犹豫积型偏好关系（P-HMPR）$Y=(y_{ij})_{n\times n}$，其中 $y_{ij}=(y_{ij}^l, p_{ij}^l)$，$l=1,\cdots,|y_{ij}|$，$|y|$ 是 y 中可能的数值，y_{ij} 表示 x_i 对 x_j 的偏好度，且满足

$$y_{ij}^{\rho(l)}y_{ij}^{\rho(l)}=1, y_{ii}=1, |y_{ij}|=|y_{ji}|, P_{ij}^{\rho(l)}=P_{ij}^{\rho(l)}，i, j=1, 2, \cdots, n \qquad 式（4-1）$$

$$y_{ij}^{\rho(l)} \leqslant y_{ij}^{\rho(l+1)}, i \leqslant j$$

根据高温热浪风险评估指标体系（图 4-6），结合相关领域专家评估结果，构造 P-HMPR，对 P-HMPR 进行一致性检验：

基于概率分布 p_{ij}，从中随机选择 y_{ij} (1) 可得到 $MPRY^{(l)} = (y_{ij}^{(l)})_{n \times n}$。$Y$ (1) 的几何一致性指标表示为 $GCI_{Y^{(l)}}$。根据行几何平均法（RGMM），对于 $MPRY^{(l)} = (y_{ij}^{(l)})_{n \times n}$，方案 x_i 的排序值 ω_i 为 Y (1) 中行元素的几何平均数：

$$\omega_i = \frac{(\prod_{j=1}^n y_{ij}^{(l)})^{\frac{1}{n}}}{\sum_{i=1}^n (\prod_{j=1}^n a_{ij})^{\frac{1}{n}}} \qquad \text{式（4-2）}$$

基于排序值 ω_i。几何一致性指标（GCI）用于检验 Y (1) 的一致性水平：

$$GCL_{Y^{(l)}} = \frac{2}{(n-1)(n-2)} \sum_{i<j} \log^2 e_{ij} \qquad \text{式（4-3）}$$

式中：$e_{ij} = y_{ij}^{(l)} \dfrac{\omega_j}{\omega_i}$

令 Y 为一个犹豫偏好空间，那么 Y 的期望集合一致性指标可以定义为

$$E(GCL)_Y = (\prod_{i,j=1}^n \frac{1}{|y_{ij}|}) \sum_Y GCL_{Y^{(L)}} \qquad \text{式（4-4）}$$

若 $E(GCL)_Y \leqslant GCL^{(n)}$，那么 Y 是满足可接受一致性的。如未经过一致性检验，则必须进行改进。

计算各指标权重：

基于行几何平均法（RGMM），应用蒙特卡洛模拟的方法，计算同一层次相应元素对于上一层次某元素相对重要性的排序权值。再从结构的底层开始，对于上一层次中元素，集成方案的排序权值，直到获得方案对于控制属性的综合排序权值，即各相关指标的权重。

由各项指标权重加权处理 C1 ～ C8 中的各项无量纲化后的指标 v，得到加权标准化决策数值 r

$$r = \omega \times v \qquad\qquad 式（4-5）$$

得到 $C1 \sim C8$ 的影响大小排序，来实现对高温天气的风险评估。

4.5　基于风险因子分析的防治高温灾害措施

高温天气的出现是多种因素综合作用的结果，高温天气已经给人类、社会和自然环境造成了很大的危害。了解高温极端天气的主要灾害及其分析灾害风险因子，其目的是趋利避害，制定有针对性的防御对策，采取必要的预防措施，减轻高温危害。

4.5.1　国外高温灾害防治措施现状

国外一些发达国家针对高温极端天气灾害采取了一系列的措施，重点在极端天气预警预测、防灾、减灾及体制构建等方面。

（1）美国的防灾措施

美国联邦政府有多个机构预测极端天气并协调应急工作。属于美国商务部的国家海洋和大气管理局（NOAA）提供最权威的气候预测，为美国应对极端天气提供科学依据。属于 NOAA 的国家气象局（NWS）在全国有 122 个天气预报所，除了提供预警以外还负责协调各级政府的紧急应变机构。美国国土安全部下属的美国联邦紧急事务管理署（FEMA）则负责灾害发生后的应急处理，并且负责预防极端天气灾害的规划和研究，为公众提供了大量的应对极端天气的教育项目和资金。

例如，在 2016 年 7 月 20 日，由于受到来自墨西哥持续高压的影响，美国亚利桑那州和加利福尼亚州等地的气温继续飙高，此次的炎热气候被气象专家形容为"罕见且致命"。一些地区在 19 日的气温达到了 49.4℃，亚利桑那州的尤马市气温达到 48.89℃，凤凰城气温达到 47.78℃。截至高温爆发的第 1 个周末，亚利桑那州有 4 名登山客在出游途中不幸中暑死亡。凤凰城消防局发言人拉里表示这次高温事件直逼 1990 年 50℃ 的空前高温。压倒性热浪在当月 20 日恶化，到一周后的后期才趋于缓和。美国天气网站指出，这波强烈高压的威力持续一周，使西南部气温升高到危及性命的程度。该网站专家克拉克表示西南地区曾在 2005 年和 1990 年达到这种高温，而全美 6 月最高温是 2013 年 6 月 30 日在加州死亡谷创下的 53.89℃ 的纪录[7]。

面对这种极端天气情况，凤凰城当局和当地教会马上采取行动，为无家可归者设立了庇护所。当地的电力公司安排部署了更多的值班岗位，以确保当地有充足的电力供空调使用。亚利桑那州电力公司则增加维修人员，并预留额外供电应急。政府建议市民白天不要外出，因为街道和人行道表面的温度可能达到炽热的76℃。

另据美国中文网报道称，洛杉矶地区多个城市为应对高温分别设立避暑中心，华人聚居城市蒙特利公园市、阿罕布拉市、亚凯迪亚市、天普市等都开放避暑中心。并且官方呼吁，居民们尽量关闭不必要的电器，将冷气温度设定在25℃以上，以避免电器向外界排放更多热量。

（2）日本的防灾措施

为了保护国民生命、财产安全，日本制定了《灾害对策基本法》等，对于防灾问题，国家、地方政府和其他公共机构都要确立必要体制，明确责任所在，制订防灾计划，就防灾、灾害应急对策、灾害重建等列出预算，建立综合的、有计划的防灾行政机构，以确保维持社会秩序和公共福利。例如，根据《灾害对策基本法》第34条和第35条的规定，日本中央防灾会议要制订显示国家基本方针的《防灾基本计划》，并且基层的市町村级别也要制订当地的防灾计划、储备防灾用品等各种防灾措施。日本的城市建设也要根据当地实际情况，着眼于防灾目的建设防灾基地，并且划定防灾安全街区，规定疏散地点、避难途径等，这些设施的防灾地图一般也要在路旁的公示牌上公示。日本媒体指出，日本预防极端天气主要有以下几方面：①利用电视、广播、网络、手机及高音喇叭及时预警；②日常训练，其中包括两方面，一是以所有居民为对象，以确认避难路线、应急物品为主，二是以救援骨干（官民结合）为对象，包括组织指挥、信息、诱导及救助等；③确保避难场所、食品和包括路标、消防器材、沙袋等在内的设施设备；④划分预警等级[2]。

一般性的灾害多是由消防厅（包括警察厅和海上保安厅）出面，而当专业救援队、消防厅和地方政府都应付不过来时，则要出动自卫队，气象厅则主要负责发预报及预警。在日本，"异常天气预警信息"就是气象厅发布的气象信息之一，从2008年3月21日开始实施，分各个地区发布。根据各发布区域的7天年平均值进行判断，如果判断5～14天之后有30%以上的概率出现和常年值差距非常大的异常高温，就要发出异常天气预警信息，要求早日采取措施，防止和减轻有可能发生的灾害和带来的损失。另外，日本国内利用电视、广播、网络及手机等及时预警，并划分预警等级。值得注意的是，为预防灾害及极端天气，日本还列出了巨额的专项费用。例如，仅国土交通省2013年用于防灾减灾对策的国家预算就达到约 3882 亿日元,此外,在维修管理这一项列入了约 1358 亿日元,环境对策约 50 亿日元,下水道项目费用约 54 亿日元[7]。

日本在城市降温方面还引用了路面保湿的方法[8],东京都政府为缓和城市部分地区的高温而进行"保水性铺装路面"工程,即在街道上铺设能够有效抑制路面温度上升的保湿路面。其原理在于新材料的开发,可在柏油马路中充填混杂着金属粉末的保湿材料。这种材料使得路面在下雨天充分吸收水分,将水分"储藏"起来,在夜晚又可吸收空气中的潮气;而在晴天时路面吸收的水分被蒸发,带走大量蒸发热(图 4-6)。其降温原理类似于在路面上泼水,优点在于此方法更省力和环保。

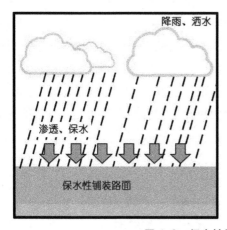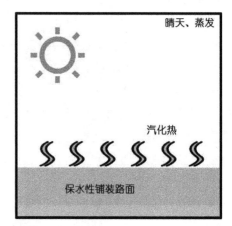

图 4-6　保水性铺装路面降温原理

(3)澳大利亚的防灾措施

面对如高温等极端天气时有发生的严峻局面,澳大利亚加强了对气候变化的相关研究。澳大利亚联邦科学与工业研究组织发布了《澳大利亚气候变化预测》,对澳大利亚各地区的气候变化情形进行了预测。澳大利亚政府根据联合国政府间气候变化委员会的评估报告,结合澳大利亚科技发展现状对气候变化影响和适应的研究进展,发布了《气候变化:澳大利亚科学和潜在影响指南》,预测了到 2030 年和 2070 年澳大利亚的气候变化,以及气候变化对供水、生态环境、农业、林业、渔业、工业和人们健康的影响。同时,澳大利亚也从地方政府着手,发挥地方政府的作用,应对高温极端天气。澳大利亚出台的《地方政府气候变化应对行动》中指出，将气候变化作为地方政府全面风险管理制度的一部分，并纳入地方应急反应或风险管理计划。澳大利亚政府还加强了对联邦气象局的投入和能力提升工作，包括投入资金全面扩充前线观测点和人员，建立国家高温极端气候应对中心，提升反应能力。澳大利亚还从城市建设方面着手应对高温极端天气，采用浅色的沥青、种植更多的树木及提出禁止黑色屋顶的主张来降低城市温度等。例如，墨尔本市政府有人提出采取一系列措施可使墨尔本市的气温下降4℃，其中的一项就是种植更多的树木及增加植被带。其他解决方案包括在墨尔本西区的墙壁上种植可以起到隔热作用的植被，安装室外百叶窗并注意浇水以维护好屋顶或房屋周围的绿地等。值得注意的是，澳大利亚也从民众教育层面开展工作，如举办摄影比赛，征集澳大利亚人拍摄的异常天气景象，希望借此增加大众对异常气象和对气候变化的关注，倡导低碳生活[9]。

　　(4) 法国的防灾措施

　　法国在出现高温天气时会采取紧急措施应对灾害。2003 年夏天法国经历了一次致命的酷暑，约有 10000 多人因为高温死亡。当时由于法国的电器商店缺少空调销售，即使紧急调货，也没有解决大部分家庭的解暑问题。2010 年高温警报再次在法国出现，当年 7 月 1 日，法国气象局提供的气温是 34℃。在巴黎，这样的温度大概持续了 3 天，因此巴黎市政府发出了高温警报并启动应对高温计划。为了保证容易受高温袭击而健康受到损害的老年人能够第一时间得到救治，政府决定医院在 7 月开放 95% 的床位，8 月开放 90% 的床位，巴黎大区开放 88% 的床位，而普罗旺斯、蓝色海岸等南部地区在 7 月 1 日至 9 月 15 日开放 98% 的床位。在这段时间内，巴黎开始了购买电风扇的热潮。经过了 2003 年那次酷暑，人们开始懂得未雨绸缪。并且法国一些行业和地方政府采取一系列紧急措施，应对高温天气的挑战。鉴于高温天气造成空气污染超标，法国对污染严重的城市实施了交通管制: 罗讷省政府规定，高速公路上汽车时速不得超过 90km/h，超速驾驶者将被罚款 90 欧元并扣驾驶分；伊择尔省和勃艮第地区则更为严格，把时速限制在 70km/h 以内。这些措施取消的时间将视污染减轻的程度而定。为了保障安全，法国铁路公司规定列车减速或减少班次，因为热浪使铁路一些路段的铁轨温度高达 50℃ 并发生膨胀。法国巴黎独立运输公司所属的地铁则加紧安装强力通风设备。面对罕见高温，法国一些核电站的技术人员不得不使用喷雾器浇水的方法给混凝土构造的反应堆降温。根据卫生部门的要求，一些市政府机关调整了工作时间，以保证工作人员身体健康。有的建筑公司为了尽可能不使工人在炎热的太阳下作业，重新安排了施工计划[10]。

4.5.2 国内高温灾害防治措施现状

针对我国当前发展的特殊国情，为了防治高温极端天气灾害，政府和相关部门也采取了一定的措施和对策。

（1）完善城市绿地系统

城市绿地系统是城市人居环境中维系生态平衡的自然空间，是城市景观的承载主体。据科学统计，每公顷绿地平均每天可从周围环境中吸收81.8MJ的热量，相当于189台空调的制冷作用；平均每天吸收1.8吨的二氧化碳，显著削弱了温室效应气体的产生。除此之外，每公顷绿地每年可以滞留2.2吨粉尘，可将环境中的大气含尘量降低50%左右，从而有效抑制大气升温[11]。一些城市在进行城市总体规划阶段，提出必须同步进行绿地系统规划，并且遵循"开敞空间优先"的原则，贯彻"大疏大密、集中布局"的规划模式，促进城市生态系统的可持续发展，以此改变我国当前城市建设普遍存在的建筑优先、绿地填空等一系列不良现象。此外，还要求应根据城市的地形地貌与河网水系的分布特点，采用点、线、面相结合的方式，合理规划各类绿地，使之形成有机整体，最大限度地发挥其生态功能。同时，强调注意城市湿地的保护。

（2）对城市规划做出规定

为降低高温灾害的影响，政府对城市绿化设计、规划等做出了规定。根据卫生、环境、防灾的要求，城市绿化覆盖面积应不低于城区用地的30%，居住区绿地覆盖面积则一般考虑为该区总面积的30%～50%；一般工厂内绿地覆盖面积则为厂区总面积的30%。各种绿化规章、制度、标准和小区、街道、院落的绿化覆盖率、林木覆盖率应当定期反复验收、监察，接受群众监督。

在相关研究方面，李新艳在论文《城市高温灾害及分析》中的相关研究表明：综合国内外研究情况，绿化能使局地气温降低3～5℃，最大可降低12℃，增加相对湿度3%～12%，最大可增加33%。并且在广州市气温的实际测量中（表4-3），无论是日平均气温、日最高气温或高温持续时数，绿化区均低于未绿化街区；城市中的公园绿林区日平均气温比未绿化居民区低2.1℃，日最高气温低4.2℃[12]。

表 4-3　广州市绿化与未绿化街区气候比较（1987-07-08） [13]

（单位：℃）

测区	公园绿化区	绿化居民区	绿化街道	未绿化街道	未绿化居民区
白天平均气温	27.3	28.9	28.5	29.4	29.4
白天最高气温（13 时）	28.3	32.0	32.0	31.3	32.5
≥30℃持续时间（h）	0	3	3	5	5

（3）高温天气预报

城市高温灾害是城市自然灾害中可以预测的灾害。目前，为降低城市高温灾害的影响程度，每天气象台都会发布当天的最高气温预报，这为防御城市高温灾害提供了一定的科学依据。通常灾害预测越是准确和超前，其防御灾害决策的针对性、可靠性越高。鉴于当前中、长期的高温天气预报把握性不大，尚需要进一步研究提高。

（4）"企业让电"与"错峰填谷"

面对高温导致的用电量激增，同时为了推动"节能减排"的顺利开展，最近我国不少省份都对高耗能企业采取了严厉的拉闸限电措施，通过政府手段行政干预用电行为，一些地区限电数量不断攀升，限电方案也从三级递升至一级。另外为降低高温天气下高负荷用电带来的影响，提出了"企业让电"的要求。在高温季节，政府运用经济杠杆，让一些大能耗的企业实行"错峰填谷"，并对其采取优惠政策。为了保证居民生活用电，必要时政府要强制工业企业停产轮休。

（5）工作劳动保障机制

极端高温下的劳动保障，是防止工伤事故和职业病的必然措施。目前一些城市重点关注劳动者的权利，在单位条件允许的情况下，给劳动者放"带薪高温假"。同时，为了保障劳动者的高温权益，针对高温灾害的严重程度采取多样的发放标准，为劳动者发放高温费。

我国劳动卫生标准采用 WBGT 指数作为劳动卫生标准。《高温作业分级 GBT4200—2008》标准是我国特有的劳动安全卫生分级管理标准，适用于评价与划分高温作业环境热强度及其等级。该标准规定了高温作业环境热强度大小的分级。适用于对高温作业实施劳动安全卫生分级管理。按照工作地点 WBGT 指数和接触高温作业的时间将高温作业分为 4 级，级别越高表示热强度越大。对于夏季高温露天作业和活动的人员，采用 WBGT 指数进行预警，对中暑伤害起到预

防作用 [14]。具体的防护措施是合理安排工作时间，尽量避开高温时段或实行轮流操作；从事野外工作或活动时，尽量穿白色或偏淡色衣装，头戴遮阳帽，避免阳光直接照射，减少热浪刺激；遇有"高温病"的人，应尽快让其脱离高温环境，擦汗补水，服用清凉药物，病情较重则应立即送医院抢救；从事农业生产的部门和单位采取灌溉、喷水、遮阳等应急措施预防高温对农作物、果林和花卉的危害，水产养殖注意开启增氧机预防"泛塘"，高温天不要长时间在大棚劳作等 [15]。

（6）减少人为排热

人为热也是产生城市高温的重要原因之一。所以极端高温下减少人为热排放，开发利用新能源也是一种有效防止高温破坏的措施。在市区高层建筑屋顶种植树、草等植物，对建筑物墙壁进行绿化，将高楼表面喷涂为浅色，可以减少其热能的吸收；逐步改变以煤为主要燃料的能源结构，减少热量散发和大气污染。汽车尾气是形成光化学烟雾的主要原料，给汽车装备尾气处理装置，并控制某些机动车辆白天不可进入拥挤的闹市区。制定并严格执行工厂企业污染物排放标准，迁移和分散产生高热量的企业单位。充分利用太阳能资源，推广使用太阳能电器。开发利用风能、水能、核能等新能源，以达到城市降温的目的 [11]。

（7）宣传环保意识

在采取高温灾害防治措施的同时，政府部门也加大了节约环保意识的宣传力度，指出居民应从己做起，人人节约一度电、一滴水，同时提高公众对节电、健康用电的认识（如空调温度最好不低于 26℃）。

目前国内高温灾害的防治措施和研究虽取得了一定的成效，但仍存在一定的问题。①国外在高温预测水平和准确率、高温灾害评估及减灾技术等方面都卓有成效，我国在今后的高温灾害研究中应加强这些方面的研究。②虽然国内许多城市都意识到湿地的重要作用，纷纷对市内为数不多的湿地进行保护，然而，在不断加速发展的城市建设中，也有不少城市湿地因城市系统规划设计的片面性面临被蚕食的威胁。③由于后期养护管理不善、机制老化和经费不足等原因，"重栽轻养"仍是制约我国绿化事业健康发展的一个难题。植物生长发育不良，极易受环境胁迫的影响。近年来，持续的夏季高温更是给脆弱的城市绿地带来了灾难性的打击，导致植物尤其是新栽植物的大量死亡。④当前推行的"限电令"由于其突发性强，且以短期为主，会在一定程度上造成行业生产力下降、市场萎缩、工人失业等消极后果，盲目的限电也会影响民生和社会秩序。⑤目前我国的高温应对制度还不完善，没有形成一套比较完整的应对方案，面对天灾，应对匆忙，各敲各的锣，各吹各的调。各地应对高温的举措零散，缺乏制度化。

参考文献

[1]　张校玮. 我国极端气候时空特征及风险分析 [D]. 上海：上海师范大学，2012.

[2]　中国气象局，民政部，水利部，等. 中国极端天气气候事件和灾害风险管理与适应国家评估报告 [R]. 2015.

[3]　叶殿秀，尹继福，陈正洪，等. 1961—2010 年我国夏季高温热浪的时空变化特征 [J]. 气候变化研究进展，2013（1）：15-20.

[4]　谈建国，郑有飞. 我国主要城市高温热浪时空分布特征 [J]. 气象科技，2013（2）：347-351.

[5]　李灿，陈正洪. 武汉市主要年气候要素及其极值变化趋势 [J]. 长江流域资源与环境，2010（1）：37-41.

[6]　姚望玲，陈正洪，向玉春. 武汉市气候变暖与极端天气事件变化的归因分析 [J]. 气象，2010（11）：88-94.

[7]　李志豪. 美国现罕见高温飙至近 50 度，4 人中暑身亡 [N]. 法制晚报，2016-06-21.

[8]　国外如何预防极端天气 [N]. 渤海早报（天津），2016-07-19.

[9]　杨先碧. 如何应对高温天气 [J]. 生命与灾害，2015（8）：4-7.

[10]　顾永强. 国外如何应对极端高温天气 [J]. 林业劳动安全，2010，23（3）：42-44.

[11]　周淑贞，束炯. 城市气候学 [M]. 北京：气象出版社，1994.

[12]　李新艳. 城市高温灾害分析及预防对策 [J]. 宁夏师范学院学报，2004，25（6）：79-84.

[13]　杨士弘. 城市生态环境学 [M]. 北京：科学出版社，2003.

[14]　谭琳琳，甘永祥. WBGT 指数与中暑预防 [J]. 中国高新技术企业，2008（22）：182.

[15]　顾品强. 夏季高温热浪的影响特点与预防 [J]. 生命与灾害，2016（7）：24-27.

第五章 应对高温极端天气事件的应急响应体系

5.1 国外发达国家应急响应体系

高温极端天气事件是气象灾害的一种，其应急响应机构与流程也多包括在气象灾害应急管理体系中。发达国家经过多年探索，大都形成了运行良好的应急管理体制，包括应急管理法规、管理机构、指挥系统、应急队伍、资源保障和信息透明等。因此，总结美国、日本、英国等发达国家气象灾害应急防治的资料，分析国外的先进理论和经验，旨在借鉴他山之石，促进我国气象防治工作。

5.1.1 美国——三级自然灾害应急管理体系

美国是气象灾害频发的国家，飓风、龙卷风、旱灾、洪灾等气象灾害造成的损失年均 10 亿美元以上。美国气象防灾减灾工作基本理念是软件重于硬件，平时重于灾时，地方重于中央。美国自然灾害应急管理体系为国家—州政府—郡政府三级管理体制（图 5-1），应急救援一般采用属地原则和分级响应原则。

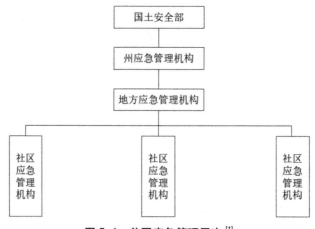

图 5-1 美国应急管理层次 [1]

（1）防灾立法与计划

美国是一个减灾法规完备的国家，各类全国性防灾法律有近百项，国家防灾基本法有《灾害救济法》《联邦灾害法》《斯坦福法》《联邦灾害紧急救援法案》。防灾法律的历史可以追溯到1803年针对新罕布尔城市大火制定的国会法案。这些针对飓风、地震、洪水和其他自然灾害的特别法案通过了上百次修订。1959年制定了《灾害救济法》，1966年、1969年、1974年先后修改，每一次修改实际上都扩大了联邦政府的救援范围及减灾、预防、应急管理和恢复重建的全面协调。作为一个联邦国家，美国各个州政府根据联邦法案和各地的实际情况，分别制定了各自的法规作为地方政府救灾行动的依据。《联邦灾害紧急救援法案》规定了各种灾害紧急救援的基本原则、救助范围和形式，以及政府各部门、军队、社会组织、公民的责任和义务，为灾害的防治提供了法律依据和保障。

（2）应急组织结构

美国的灾害应急管理由国土安全部负责，具体由紧急事务管理局（FEMA）负责全面协调灾害应急管理工作。FEMA还在全国设立了10个应急管理分局。其中国家级主要负责制定灾害应急管理方面的政策和法律，组织协调重大灾害应急救援，提供资金和科学技术方面的信息支持，组织开展应急管理的专业培训，协调外国政府和国际救援机构的援助活动等。联邦政府的地质调查局、国家海洋与大气管理局、林务局、美国陆军工兵部队、农业部等部门，也承担着自然灾害应急管理等方面的管理职能。州政府主要负责制定州一级的应急管理和减灾规划，建立和启动州级的应急处理中心（Emergency Operation Center），监督和指导地方应急机构开展工作，组织动员国民警卫队开展应急行动，重大灾害及时向联邦政府提出援助申请。地方政府（主要县、市级）承担灾害应急一线职责，具体组织灾害应急工作。根据灾害应急管理职责和运作程序，由灾害发生或可能发生地的政府首先开展灾害应急工作，当灾害发展到超过其应急管理权限和应对能力时，逐级由上一级政府负责接管灾害应急工作。如果灾害威胁大、影响面广，可直接由高层组织机构启动应急行动。

（3）应急管理环节

美国自然灾害应急管理具体分为减灾措施—灾前准备—应急响应—灾后重建4个环节。减灾措施主要指政府通过制订一些联邦和地方减灾计划和措施，努力减少和排除灾害对人民生命财产的影响。例如，强化易灾地区的建设和土地利用的管理，建设符合防灾标准的安全建筑，设计和建设防灾减灾工程，在各种灾害易发区开展政府支持的灾害保险等。

灾前准备主要包括提供应对各种灾害的技术支持，建设灾害监测预警系统，建立灾害服务信息迅速传播的平台和工作机制，对各种灾害易发区建筑物和设施是否按照国家标准建设进行应灾检查，并责成有关方面对存在问题进行整改；建设必要的应急避难场所，做好灾害公共卫生、医疗、救助抢险等应急准备；在全国广泛开展灾害应急知识培训、灾害应急演示、防灾科普教育等。通过培训宣传，让广大公众在灾害发生时，知道该怎么做，哪里可以去，哪些地方可以避灾。

应急响应主要指灾害预计发生或已发生时，通过政府的组织管理，努力并及时调配资源紧急应对灾害、挽救生命，减少伤害和损失。主要包括协调各级政府、各个部门进行救援，组织人员紧急转移，加强灾情的评估及预测，迅速、科学地评估灾害影响程度，紧急调配设备、队伍、资源应对灾害等。

灾后重建包括对灾后受害者提供紧急的临时性的安置建设；制定灾后重新规划，恢复重建，根据灾情及时提供救灾资金；进行各种灾后保险赔偿等。

（4）灾害预警与信息系统

为更好地开展应急管理工作，FEMA 围绕减灾、应急准备、应急反应和灾后恢复重建等核心工作，大力推进应急管理技术支撑的研究与建设。1998 年 11 月公布了 e-FEMA（FEMA 应急信息支持系统）IT 架构 1.0 版：包括高性能和高可用性的交换骨干网，通过现代压缩技术和带宽共享提高网络效率，集成语音、视频和数据通信服务，均衡使用公共交换网和 VPN。2001 年，FEMA IT 架构发展为 2.0 版，提出了实现 e-FEMA 的远景目标。当前，FEMA 应急信息支持系统发展为美国国家灾害事件管理系统，其中包括命令系统、预测预警系统、资源管理系统、演练培训系统等。

应急信息支持系统在美国应急体系中起着关键作用，通过集群无线网、卫星通信等设施收集信息并加以分析观察，以起到预防在先、提前准备的作用。在调度指挥时可以做到互联互通，沟通了各系统之间的通信联系，联系高效、指挥灵活，保证了在紧急状态下应急指挥调度的效率。

（5）纽约市灾害应急响应

美国纽约市因其独特的经济、政治和历史地位，对应急管理提出了极高的要求。其中，纽约市的应急管理系统分为 3 个阶段：准备阶段、应对阶段和恢复阶段，每个阶段有若干个项目相对应。纽约市政府还组织开展了诸多突发事件预防与准备的项目，这些项目大多面向基层社区，以提高基层社区的应急准备与避险能力

（表5-1）。例如，社区危机反应团队项目，即把每一个社区作为一个行动单元，为社区的居民提供必要的宣传和培训，以提高其在发生危机时的自救能力[1]。

除此之外还有"公私合作应对危机项目"——一种私营商业主与政府机构联合应对危机的合作，两者建立起良好的资源、信息共享机制，在"9·11"事件的过程中和过程后，该项目都发挥了巨大的作用。

表 5-1　美国推动社区防灾教育的一般步骤[2]

步骤	主题	具体内容和说明
1	调查灾害类别	调查各社区遭遇的各灾害类型（飓风、水灾、火灾等）
2	分析和评估灾害类型，标定灾害地点	查阅灾害损失评估表，以此作为何种灾害为损害性最大或最频繁的灾害类型。再确认各社区中易致灾地点，并标定出各社区中灾害威胁的高危险程度区域
3	调查防灾教育培训的人力资源	调查各社区防灾教育传授的人力资源，并规划整合制表
4	选定防灾教育培训社区	由整合的灾害评估报告中，选定一个潜在性危险度最高的社区，以派遣防救灾专业人员方式，进驻开展培训指导，防灾教育教授时间最好半年以上
5	选择防灾教育培训对象、方式	防灾教育社区择定后，便选择社区内防灾教育培训的对象，传授适合社区的防灾教育知识，并确定传授方式
6	筹集防灾教育的经费	防灾教育的经费影响防灾教育的持续性，经费筹措可由公益团体、私人民间组织、基金会、私人企业等帮助
7	建立防灾教育资料库	建立有系统性的防灾教育数据文件，如防灾教育宣传影带、防灾手册、问题灾害数据库等，以保证能随时查阅参考
8	制定防灾教育活动表	制定自我社区防灾教育授课的年度活动表，通过循序渐进的方式，提升社区的防灾教育意识，活动中也穿插防灾教育的宣传和防灾演练
9	建立紧急应变联络电话	建立紧急应变联络电话，可提供社区在紧急状况时，迅速通知救援单位到达抢救，紧急应变时相互联络，社区可利用广播、电话等方式向社区成员传达
10	开展灾害应急演练，培养防灾意识	每年定期进行紧急灾害应急演练，展示防灾教育的成果，演练通常选定在大的节假日期间，以加深全民对于防灾的意识，提高家庭自助自救的能力

纽约市不仅针对各种危机做出了充分的应急准备和预防措施，同时还建立了一系列的反应机制和应急系统，为在突发事件发生时做出快速有效的反应提供

了信息、人员、组织、指挥、通信及物资装备上的充分保证，包括城市危机管理系统（Citywide Incident Management System，CIMS）、城市应急资源管理体系（Citywide Assets and Logistics Management System，CALMS）、911危机呼救和反应系统（911 Systems）、移动数据中心（Mobile Data Center，MDC）及城市搜索和救援系统（Urban Search & Rescue）等。

城市危机管理系统（CIMS）是纽约市应对突发事件的神经中枢和指挥核心，是以美国国家危机指挥系统为模板建立的，对各个政府机构在危机处理中所担当的角色和责任进行了清晰的界定，详细规定了各种不同类型的危机中各自应当承担的任务，而且还有一套进行危机反应和处置的程序，指导有关机构按照怎样的流程，有序地进行危机处理和应对。

纽约市危机管理的最后一个重要环节就是危机恢复项目，主要目的就是帮助在危机中受到影响的个人、企业和社区尽快恢复生产生活秩序。例如，"公共协助项目"主要是为公共机构和一些非营利组织提供一定的资金支持，帮助他们尽快恢复正常工作。对于那些符合标准的"紧急性应对工作"和"永久性修复工作"，联邦至少提供75%的资金，其余的资金则由州政府和申请机构分担。

5.1.2　日本——自然灾害一元化垂直应急管理体系

日本是太平洋上的一个岛国，因其地形、气象等自然条件的综合作用，一年四季多发台风、暴雨、大雪等气象灾害，其中，台风、暴雨和暴雪给日本经济社会带来严重影响。饱受气象灾害之苦的日本人非常重视气象防灾减灾工作，日本气象防灾减灾工作的基本思路是防灾、减灾、减少损失。

（1）防灾立法与计划

日本的防灾减灾法律体系是一个以《灾害对策基本法》为龙头的相当庞大的体系。按照法律的内容和性质，可以将其分成基本法、灾害预防和防灾规划相关法、灾害应急相关法、灾后重建和恢复法、灾害管理组织法5个类型。按照日本《防灾白皮书》的分类，这一体系共由52部法律构成，其中属于基本法的有《灾害对策基本法》等6部，与防灾直接有关的有《河川法》《海岸法》等15部，属于灾害应急对策法的有《消防法》《水防法》《灾害救助法》（1947年制定）3部，与灾害发生后的恢复重建及财政金融措施有直接关系的有《关于应对重大灾害的特别财政援助的法律》《公共土木设施灾害重建工程费国库负担法》等24部，与防灾机构设置有关的有《消防组织法》等4部。

（2）应急组织机构

日本政府建立了专门的自然灾害应急管理决策和协调机构，从社会治安、自然灾害等不同方面，建立了以内阁首相为危机管理最高指挥官的危机管理体系，负责全国的危机管理（图5-2）。日本政府在首相官邸地下一层建立了全国"危机管理中心"，指挥应对所有危机。在日本许多政府部门都设有负责危机管理的处室，一旦发生紧急事态，一般都要根据内阁会议决议成立对策本部；如果是比较重大的问题或事态，还要由首相亲任本部长，坐镇指挥。在这一危机管理体系中，政府还根据不同的危机类别，启动不同的危机管理部门。以首相为会长的中央防灾会议负责应对全国的自然灾害，其成员除首相和负责防灾的国土交通大臣之外，还有其他内阁成员及公共机构的负责人等。

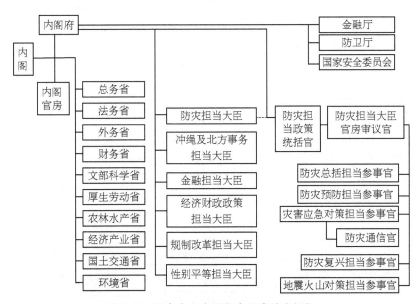

图5-2 日本中央省厅和内阁府防灾组织

日本中央防灾会议（Central Disaster Management Council）是综合防灾工作的最高决策机关，会长由内阁总理大臣担任，下设专门委员会和事务局。中央防灾会议的办公室（事务局）是1984年在国土厅成立的防灾局，局长由国土厅政务次官担任，副局长由国土厅防灾局长及消防厅次长担任。各都、道、府、县也由地方最高行政长官挂帅，成立地方防灾会议（委员会），由地方政府的防灾局等相应行政机关来推进自然灾害对策的实施。许多地区、市、町、村（基层）一般也有防灾会议，管理地方的防灾工作。各级政府防灾管理部门职责任务明确，人员机构健全，工作内容丰富，工作程序清楚。

（3）应急信息系统

日本重视灾害和突发公共事件应急管理的技术支撑建设，逐步建立起了完善的应急信息化基础设施。日本政府于 1996 年 5 月 11 日设立内阁信息中心，24小时全天候搜集与灾害相关的信息。日本政府建立了发达、完善的防灾通信网络体系，包括以政府各级部门为主，由固定通信线路、卫星通信线路和移动通信线路组成的中央防灾无线网；以全国消防机构为主的消防防灾无线网；以自治体防灾机构和当地居民为主的都道县府、市町村的防灾行政无线网；在应急过程中临时部署的互联互通的防灾相互通信用无线网等。此外，还建立起各种专业类型的通信网，包括水防通信网、紧急联络通信网、警用通信网、防卫用通信网、海上保安用通信网及气象用通信网等（图 5-3）。

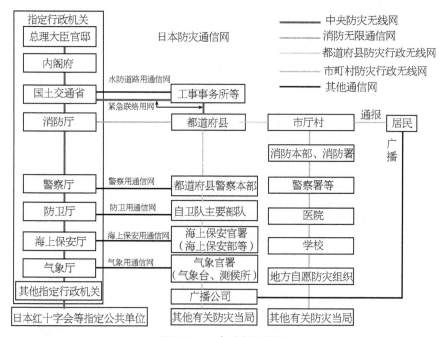

图 5-3　日本防灾通信网

（4）东京的应急响应

东京是日本的首都，是全球经济中心之一。东京全称东京都，它和周围的 7 个县组成大东京圈，是世界上规模较大的都市圈之一。

东京在处理应急管理方面有大量经验，建立了全政府型的一元化管理体制，形成了较为发达的应急管理体系（图 5-4）。

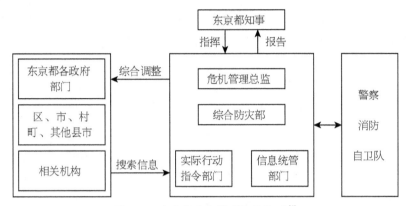

图 5-4　东京都应急管理机构体系 [1]

东京都改变了传统的以防灾部门和健康主管部门等为主的部门管理模式，建立了"知事直管型危机管理体制"，采取了整个政府统一指挥、统一行动的一元化应急管理模式。该模式设置局长级的"危机管理总监"，改组灾害对策部，成立综合防灾部，建立了一个面对各种危机全政府机构统一应对的体制，发生紧急事件时直接辅助知事。强化协调各部门的功能，根据危机的种类和灾情，快速做出向相关机构请求救援的决策和行动。综合防灾部作为核心部门，直接协助危机管理总监，由信息统管部门和实际行动指令部门组成。信息统管部门主要负责信息收集、综合分析、战略研判；实际行动指令部门主要负责灾害发生时指挥调度一切力量和资源。这两个部门在危机管理总监的指挥下，与有关各部门进行协调，通力合作，实施全政府型的危机管理。

东京都应急管理有以下几个基本的运作机制：

1）应急管理的理念和原则：东京的应急管理理念很重要的就是体现在把市民生命和财产安全放在首要位置，一切救援行动均以市民的生命和财产安全为目的，政府所有救援行动也是紧紧围绕这一目的而组织实施的。其应急管理的模式一般按照"循环型危机管理"的方式进行，所谓"循环型危机管理"重点是强调危机管理只有准备加准备，改善再改善，追求更好的对策，不断反复进行，才能达到循环发展。

2）一元化的信息机制：在综合防灾部设立信息统管部门，从发现有灾害发生的可能性阶段就开始与有关部门接触，收集信息，研究灾害预备的对策方针。当灾害发生时，由实际行动指令部门汇集各类信息，把警察厅、消防厅、自卫队派遣过来的干部职员，通过本部门的渠道收集和汇总信息综合起来，掌握事态的发展动向，策划应对方针，最后向危机管理总监提供建议。

3）地区合作机制：东京与邻接地区建立了8县市地区防灾危机管理对策会议制度，明确首都圈在防灾和危机管理上的共同问题，进行研究讨论，将应急方案具体化，签订相互援助合作协定，并定期举行联合演习。

4）应急管理规划和预案：东京都非常重视应急管理的规划和预案，认为这是更合理地评估危机和科学应对危机的基础和前提。制定了《风险灾害对策规划》《火山灾害对策规划》《大规模事故等对策规划》和《原子能灾害对策规划》等，以及针对地震灾害的《城市恢复指南》《生活恢复指南》和各种应急预案，这些都为政府如何更深入扎实地做好应急准备和市民如何提高避险能力提供了依据。同时，他们在重视应急规定和预案的宣传培训的基础上，注重了各种危机应对演习，以检验、评估、提升指挥机构的指挥和调度、整合能力，以及各种危机处理机构和人员的行动能力和互动能力。

5）防灾管理与社会参与：在全社会中广泛开展应急避险教育宣传，树立"自己的生命自己保护""自己的城市和市区自己保护"的防灾基本理念，这是东京乃至日本在应急管理方面一个非常明显的特点。这非常有效地推动了政府、企业、地区、社区、居民及志愿者团体等相互携手合作，建立起一个共同应对灾难的社会体系。例如，东京的企业大都组建了内部的消防队等一些内部应急队伍，并进行定期的培训及演练，不仅能够提高企业自身的防灾能力，同时也能对社会提供必要的救援支持。东京政府还与34个民间团体签订了相互支持协议，确保应急救援所需的物质、人员、设施和装备能在应急处置及恢复重建中及时到位，形成了功能齐全的防灾应急网络体系。

5.1.3　英国——地方主导的应急管理体系

（1）防灾立法

英国由于国土面积较小，所遭受气象灾害的种类和影响程度都要次于美国、日本等国家。英国议会2004年通过的《英国突发事件应对法》是规范和指导英国政府处理包括气象灾害在内的突发事件的综合减灾基本法。随后又出台了《2005年国内紧急状态法案执行规章草案》。虽然目前没有出台针对某种气象灾害的特别防灾法，但是对气象灾害防御工作仍很重视，在《英国突发事件应对法》中，规定了气象部门有制定气象灾害防御规划的义务。

（2）应急组织机构

英国政府应对具体灾难一般由所在地方政府主要负责处理，而不是依赖中央机构。为此，一个地区设立由"紧急计划长官"负责的紧急规划机构，平时负责地区危机预警、制订工作计划、举行应急训练；灾时负责协调各方力量，有效处理事务，并向相应的中央政府部门咨询或寻求必要的支援。中央政府设有国民紧急事务委员会，由各部大臣和其他官员组成。委员会秘书负责指派"政府牵头部门"，委员会本身则在必要时在内政大臣的主持下召开会议，监督"政府牵头部门"在危急情况下的工作。中央政府主要负责应对特定类型的事件（如核事故）或者其影响超过地方范围的重大事件（如重大恐怖袭击）。其他情况下中央政府仅限于处理国会、媒体、信息等方面的事务，从外围向地方政府提供支持。

（3）灾害应急预警服务

英国应对全球气候变暖、各种疫情等灾害，逐渐建立起以内阁、气象、交通、环境和紧急救援部门为基础的灾害预警和防范系统，为市民提供全面完整的防灾服务。英国气象局将"全国恶劣天气预警服务"作为向市民和政府机构服务的一个重点。如果英国境内出现大风（时速在113km/h以上）、暴雨、暴雪、大风雪和持续降雨、浓雾、大面积冰霜等天气情况，英国气象局都会启动预警机制。在恶劣天气预计出现前，该系统在短时间内，分阶段地通过互联网、电台和电视台向英国13个区域提供极端天气信息。其分为早期预警、提前预警、快速预警、天气观测和汽车预警5种类型。

快速预警在灾害预期发生前6小时发出，如果气象局发出这种预警，则说明气象局对灾害的发生有比较高的把握。这种预警向公众和紧急营救部门提供发生地点、发生时间段和强度等各个方面的细节。如果恶劣天气出现的概率还不足以发布早期预警和提前预警，中央和地方气象局可能只发布天气预测。而如果天气状况可能阻碍交通，气象局还会向交通管理部门、行人和车辆提供汽车预警。

（4）伦敦的应急响应

伦敦作为英国的首都，是英国的政治、经济、文化和交通中心，是欧洲第一大港口，四大世界级城市之一。其中大伦敦包括伦敦城和 32 个市区，伦敦市交通发达，其铁路、地铁系统四通八达，为人们的生活提供非常便利的条件，但如果发生事故就会导致整座城市瘫痪。

伦敦市突发事件应急管理的核心部门是伦敦应急服务联络小组（图 5-5），该小组成立于 1973 年，其重要的职责是组织协调与沟通，促进政府部门间的合作，为危机处置提供各类应急准备，对突发事件做出快速的反应。自 1996 年 10 月以来，该小组建立了一种新型的协调机制，即每 2 年组织一次危机应对论坛。参与论坛者多为各个部门的主要官员和首席长官。论坛的宗旨在于制定危机应对的战略方向，并从领导层给予一定的支持和指导。应急服务联络小组的经费大部分依靠政府财政预算的支持，还有一部分来源于社会投资和一些公益组织的捐赠基金。

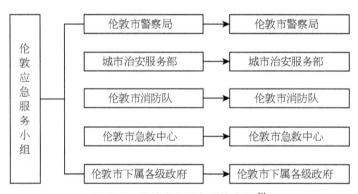

图 5-5　伦敦应急服务联络小组 [1]

伦敦市对突发事件有自己的界定标准，通常情况下主要包括以下 5 类：生化危机（含核辐射泄漏）、铁路事故、航空事故、泰晤士河运事故及洪灾。重大突发事件通常会直接或间接地影响到一定数量的人群，需要组织和调动大批力量来实施应急处置，如抢救和运送大量伤员，大规模运用警察、消防和救护车服务；动员和组织应急志愿服务及参与援助行动；政府解答公众和媒体通常针对事件应对及警队提出的大量咨询。大多数重大突发事件，应急工作可以分为 4 个阶段：初期反应、稳定状态、重建阶段和恢复正常状态。同时，贯穿整个过程的是对事故原因的调查及当事人的听证会。应急救援机制明确细致。伦敦市应急服务联络小组提供的应急服务主要是救援，各部门对自身的职责都非常明确：消防总队负责救助事故的幸存者；急救中心负责护理从现场救出的伤员并将他们运送到医院接受治疗；警队的职责包括警戒、疏散等，并且与地方政府及其他机构一起协助顺利实施以上的救援活动。同时，对从初期应急到恢复正常的各个阶段的具体工作都做了细化和规范。例如，规定第一位到达现场的警员不能擅自行动，首先要对事故现场进行详细的勘查和评估，并将结果及时向控制中心汇报，汇报的内容包括人员伤亡情况、潜在危险、到达现场的最便捷路径等。又如，对警戒线划分为 3 种，即核心警戒区、外围警戒区和交通警戒区，并对警戒范围和警戒要求都分别做了详细规定。部门协作机制完善顺畅。伦敦市应急管理系统由消防总队、警署和急救中心的指挥车共同组成一个联合应急服务中心，各部门的现场指挥官通过这一控制中心发号施令。应急服务联络小组例会制度，以及经常开展的多部门间的培训和演练，使得不论是负责统揽全局的高级官员，还是现场指挥官和一线救援人员都有很强的协作意识和协作能力。广泛应用无线电通信作为部门间的沟通方式，参与应急服务的各部门都有独立的电台通信系统，并专门设立了电台频道用于现场指挥官之间互相联络。信息发布机制公开透明。伦敦市突发事件发生后政府的第一时间发言由警署新闻办公室组织，因为他们是第一时间到达现场者，掌握第一手的情况信息，由他们与其他部门的新闻机构沟通，统一观点后向社会发布，具有时效性和权威性。事故伤亡人员的数字也由警署发言人咨询各应急部门后发布，可以有规律地更新，对事故原因的调查结果也要通过媒体向公众宣布。新闻发布也有例外，如对恐怖事件的报道，所有信息未经反恐部门的同意是不能随便泄露的。伦敦市政府还设立了专门的危机预警和应对网络，为市民、游人提供防范和应对的信息 [2]。

5.1.4　澳大利亚——国防部长负责的自然灾害应急管理体系

（1）防灾立法

澳大利亚的防灾法律法规是以各州、区域的立法为主。澳大利亚联邦政府倾向以不立法的方式达成任务，虽然国家确立的防灾概念和原则不是强制性的国家条文，但是作为指导意见，已被各州政府广泛接受。它的关键思想和基本观点已被纳入各州的法律条文中，从而具有强制性特征。澳大利亚的应急预案在联邦政府一级制订了《紧急响应计划》《自然灾害减灾计划》《区域防洪计划》。在各州，州政府也根据本州的实际情况制订了各自的防灾计划。对普通公民来说，澳大利亚应急管理局组织专家、学者和有经验的灾害管理者共同编写了《澳大利亚应急管理手册》，用以指导民众在紧急状态下的行动。

（2）应急组织机构

澳大利亚应急管理中心（EMA）成立于1993年1月1日，它的使命是"减少灾害和突发公共事件对澳大利亚及其区域内的影响"，应急管理中心是国防部的直属机构，直接对联邦政府的国防部长负责，并在联邦政府层面负责对灾难应急的协调。

澳大利亚设立了一套3个层次承担不同职责的政府应急管理体系：①联邦政府层面。联邦政府通过顾问安排、承担领导角色等途径，为州和地区经历的主要灾害提供物质和财政援助。②州和地区政府层面。6个州和2个地区则为保护生命、财产和环境安全承担主要责任，各州和地区通过立法、建立委员会机构，以及提升警务、消防、救护、应急服务、健康福利机构等各方面的能力来实现这一目标。③社区层面。澳大利亚全国范围内约有700个社区，它们虽然不直接控制灾害相应机构，但必须在灾难预防、缓解及为救灾计划进行协调等方面承担责任。

（3）灾害预警与响应

澳大利亚采用各州负责的原则，各州和地方政府是紧急事态管理的首要负责人，只有在他们同意的情况下，联邦政府才能对他们提供支持和指导。其灾害应急响应的流程为：地方政府负责灾害应急管理的具体组织和实施；当地方政府遇到力所不及的重大灾害时，可向联邦政府申请援助，申请由联邦司法部长批准后，由国家紧急事务管理中心具体执行。不过，通常联邦政府主要向州政府提供指导、资金和物质支持，并不直接参与管理。

（4）新南威尔士州的应急响应

新南威尔士州于2009年设立应急管理署（EMNSW），取代了原来的州应急服务机构，来统筹应急管理工作，下辖州应急管理委员会（SEMC）、州应急管理指挥部（SEOCon）、州重建指挥部（SERCon）及州救援平台（SRB），同时还向州政府提供咨询、分析等服务，并与该州的其他相关部门保持合作。州应急管理委员会具体负责应急管理工作，主要内容涉及应急管理的方方面面，包括排查隐患、确立各级应急管理的职能、配置应急管理资源、协调各方面联合行动等近20项与应急管理有关的工作。除了以上部门之外，为了应对更为具体的工作，还成立了相关的应急管理机构，如新南威尔士州防灾的重点在于火灾，为了控制丛林火情，该州还成立了消防救援署和农村消防队。

5.1.5 德国——属地管理的应急管理体系

（1）德国应急管理体系概况

德国是一个严谨的国家，制定了完善的应急预案体系。2002 年，德国联邦政府通过了一份全国的总体应急预案——《民事保护新战略》。从联邦政府到地方各级政府、部门和企业，甚至是一些大型活动及高校、商场、影院等公共场所，都有应对突发事件的应急预案。德国对应急预案实行动态管理，根据实际操作和应急救援情况，不断发展与完善[3]。

德国的应急管理采用属地管理制度。各州由州内政部统筹应对突发气象灾害救援工作，由消防队、警察局及救援组织等相关部门和团体实行救援行动。联邦政府通过联邦民事保护和灾难救助局（BBK）及联邦技术救援局（TWH）为各州开展灾难救援提供信息和技术帮助。

德国拥有一套顺畅的气象应急响应机制。德国的气象灾害应急响应机制名为危机预防的信息系统，这个系统面对民众公开，系统里有各种气象灾害危机预防措施，民众可以自行查阅、学习。灾害发生后突发气象灾害预警系统会瞬间发出信号，通过公立和私人的电台传播至全国，与此同时，互联网、电视台、电话等媒体也会对民众发出预警。政府的应急指挥小组紧急启用，在相关部门和专家的指挥下，调动全部力量进行灾害救助。德国十分注重灾害发生后民众的参与，所以德国应急救援培训体系不仅培训职业的消防队员和志愿消防队员，也对一般的志愿者和普通的公民开放授课。每个人的培训都有明确的培训内容和学时要求，注重理论联系实践，除理论学习外，还有实战的学习过程。这就使得民众也有一定的救助及自救能力，在一定程度上，降低了灾害对民众的危害程度。

（2）柏林的应急响应

柏林市地处欧洲中心，是中欧第一大城市。柏林为德国的市州，因此柏林市亦称作柏林州，是德国主要工业城市和国际交通枢纽。柏林的城市应急管理体系集中反映了德国的应急管理机制和西方比较先进的应急模式。

在德国首都柏林，柏林市内政部安全与秩序局设有重大灾害防护处，负责协调重大灾害的预防及灾害发生后救援抢险措施的实施。柏林市的应急救援力量由消防队、警察局、技术救援协会、紧急医疗救助中心、军队、民间志愿者组织等部门组成，形成一个全社会的应急救援网络。消防队以其技术、装备和数量优势，成为应急救援的中坚骨干力量。除救火外，柏林消防队还承担一切灾难事故如水灾、地震、车祸的抢救工作，包括现场救援、现场指挥、运送伤病员、开展宣传培训等。德国消防队又分为职业、志愿和企业3种类型。其中，后2种类型消防队由占绝大多数，建设经费由柏林州政府和联邦政府进行补贴。技术救援署（THW）隶属于联邦政府内务部，具有很强的专业救援能力。技术救援署下设8个联邦州级分部、66个区级分部、668个社区志愿者应急救援站。协会所需的一切建设、装备、培训及组织运作费用全部由联邦政府承担，技术装备实行标准化配备，通用性高，能够高效快速地实施救援。技术救援协会只有极少量的管理人员和培训教师是政府工作人员，其余都是志愿者。志愿者平时都有自己的工作，在发生险情时只要接到通知，2小时内就可迅速赶到集中地集结出发。每名志愿人员在1年内都要经过80～120小时的培训，培训分3个层次。第1层是基本培训，以救援小组为单位，培训内容包括民事保护、安全与保障、危险物资、救援常识、普通行动、急救、极端天气下的行动、媒体意识等。第2层是专业技术培训，由位于霍亚的技术培训学院负责，培训内容包括通信、水处理、交通、电力、定向爆破、装备仪器的操作与维护等技能。第3层是指挥培训，在诺依豪森培训学院进行，培训内容包括高层指挥人员协调能力培训、应急救援运行机制培训、欧盟内部合作联动知识培训、联合国应急工作研讨会、国际救援后勤保障知识、跨国沟通技巧等。

柏林市应急管理的运作机制有所不同，柏林市把突发事件分为普通险情、异常险情和重大灾害3个级别（图5-6）。不同险情的救援抢险方式、各部门的分工和投入的力量也不尽相同。

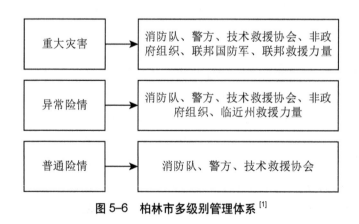

图5-6 柏林市多级别管理体系 [1]

在各级险情中，普通险情包括火灾、爆炸、洪水等涉及公共安全与秩序的突发事件，主要由消防队、警方和技术救援协会负责解决。为此，这些机构必须随时准备投入救援，还要有一整套在不同险情发生后的相应处置方案。异常险情包括飞机失事、大型集会活动中的突发事件、危险品运输、有毒或放射性物质扩散、重大疫情及异常天气灾害等。除了消防队、警方和技术救援协会外，异常险情往往还需要德国红十字会和德国救生协会等非政府救援组织的参与，必要时还需要军队和邻近其他州派出救援力量。重大灾害由于有可能涉及众多人员的伤亡，或者对环境和设施造成异常破坏，如果柏林市可用的力量和手段无法应对时，可以向联邦或其他州的救援力量、联邦国防军、边界护卫队和巡逻警力，以及政府救援范围内的其他管理部门提出支援请求。柏林冬季常常冰雪不断，长期以来柏林市在应对冰雪灾害方面积累了不少经验，尤其值得借鉴，下面就以冰雪灾害为例对柏林市的应急管理机制进行介绍。柏林市政府在冰雪灾害应对方面沿袭了其一贯严谨细致的做法，他们按照道路的重要程度及冰雪给路面带来的危险程度将城镇道路分为 3 个等级，同时把柏林市区及周边城镇道路按照统一标准编号排序，分别纳入不同等级之中。遇到冰雪灾害后，启动应急响应，首先要把市区内的主干道、十字路口、道路转弯及公交线路等最高等级的道路清扫干净，而其他等级的道路可延后清扫。柏林市冰雪灾害应急预案不仅对城镇机动车道路清扫有明确规定，对人行道的清扫也有具体要求。例如，规定在雪后早上 7 时至晚上 8 时人行道必须立即被清扫，而周日或节假日可延后 2 小时清扫。甚至还规定清雪时禁止使用融雪剂，以免对道路旁的青草和树木造成伤害。如果路面出现冰冻，还需撒上沙土或锯屑，以防对行人造成伤害，如果造成行人在自家门口摔倒，要负法律责任并承担医疗费用。同时还明确在规定时间内若没有及时清扫，就将面临少则几十欧元、多则高达上万欧元的罚款。

5.2 我国现有应急响应体系

我国是气象灾害频发的国家之一，气象灾害给人民造成的危害十分严重，特别是重大的灾害性天气对国民经济、群众生活及国家安全所造成的损失更为直接，带来的灾难更为深重。据一些专家估计，我国气象灾害造成的直接经济损失相当于国内生产总值（GDP）的 3%～6%，给生态、环境、社会、经济带来诸多问题。最近几年，南方城市频繁出现高温预警，为减少高温天气带来的危害，完善我国高温应急响应体系具有十分重要的意义。

5.2.1 应急响应预案和应急演习

面对频繁的气象灾害，气象部门与各级政府、各部门一起，以《国家气象灾害应急预案》为根本依据，充分发挥"政府主导、部门联动、社会参与"的气象防灾减灾机制作用，及时响应、高效联动、共同应对，为保障我国经济社会实现平稳发展做出了应有贡献。《国家气象灾害应急预案》从全社会防灾减灾的角度出发，明确了"政府主导、部门联动、社会参与"的气象防灾减灾机制，气象部门的"消息树"作用及各防灾主体职责得以确立，实现了从部门动员到全社会参与的转变，使中国特色防灾减灾机制的优越性得到进一步发挥。实施该预案以来，气象灾害应急管理体制机制逐步完善，气象灾害监测预报和预警能力大幅提升，气象灾害风险管理和应急能力明显提高，气象灾害应对工作取得了显著的社会经济效益。

高温应急预案的制定要先确定风险场景，其次确定与高温相关的应急部门，制定各部门应急响应策略。在发布高温预警后，气象、民防、安全生产和建设交通等高温应急部门要统筹协调。例如，卫生部门主要负责中暑事件的救治，建设部门则负责工地、露天作业场所的监控。在自然灾害类的应急响应预案启动后，各个部门的分预案随之启动，协调配合。从更广范围来说，关闭景观灯、严控商场空调用电等限电措施，也是高温应急预案的组成部分。高温带来的各类并发灾难往往突如其来，在制定预案时，如果仅仅针对一个方面，各部门各自为政，不仅效率低下，而且起不到防灾减灾的作用。

在拉响高温警报之后，同时开展高温应急处置演习，按照预先设计的方案赶赴风险地，模拟灾情发现者报告灾情，并负责记录各应急处置单位的响应情况。在不通知相关单位的情况下通过突击演习考察各单位的应急处置能力，查找应急处置各环节存在的问题，促进应急响应预案更灵活实用。

5.2.2 应急响应

为了使高温带来的灾害降至最低，中国气象局采取了一系列措施。例如，加快气象灾害监测预警业务体系建设的进程；加强值班值守，按照工作流程把具体任务分解到人、落实到岗；密切与国务院应急办、中办值班室及相关部委的沟通联系，了解最新要求，把应急气象服务做实做细；跟踪舆情热点，协同做好科普宣传。另外，中国气象局以其现代化的气象灾害监测预警信息系统，在我国防灾减灾事业中发挥了关键作用。预防和监测是当前我国自然灾害应急管理中的重点，对自然灾害的监测是有效减少灾害影响的手段。为应对南方大范围高温干旱，中国气象局于 2013 年 7 月 30 日 11 时启动重大气象灾害（高温）Ⅱ级应急响应，这是中国气象局首次启动高温应急响应。同时，也是首次启动高温灾害最高级别应急响应。与历史上高温最严重的 2003 年相比，最近几年南方地区高温日数更多、覆盖范围更广、高温强度更大。截至 2013 年 8 月 13 日，中央气象台已先后发布高温预警 103 次，其中蓝色高温预警 53 次，黄色高温预警 3 次，橙色高温预警 47 次。连续 19 天发布橙色高温预警。

发生高温灾害时，先对灾害进行评估，确定事件等级。高温分为Ⅰ级响应、Ⅱ级响应、Ⅲ级响应和Ⅳ级响应，各级响应的评估标准见表 4-2。由于各个地区对于安全性的定义不同，应急启动的条件各不相同，但都是基于人员或设施的损失程度、持续时间等条件考虑的。应急响应的启动应快速有序，启动应急响应后，各有关部门和单位要加强值班，密切监视灾情，针对不同气象灾害种类及其影响程度，采取应急响应措施和行动。

电力部门注意高温期间的电力调配及相关措施落实，保证居民和重要电力用户用电，根据高温期间电力安全生产情况和电力供需情况，制定拉闸限电方案，必要时依据方案执行拉闸限电措施；加强电力设备巡查、养护，及时排查电力故障。住房城乡建设部、水利部等部门做好用水安排，协调上游水源，保证群众生活生产用水。建筑、户外施工单位做好户外和高温作业人员的防暑工作，必要时调整作息时间，或采取停止作业措施。公安部门做好交通安全管理，提醒车辆减速，防止因高温产生爆胎等事故。卫生部门采取积极应对措施，应对可能出现的高温中暑事件。农业、林业部门指导紧急预防高温对农、林、畜牧、水产养殖业的影响。相关应急处置部门和抢险单位随时准备启动抢险应急方案。

5.2.3 响应终止

应急响应终止应由发布预警的气象行政主管机构和卫生行政部门共同确定，若高温中暑事件发生地的高温中暑气象等级预报持续 3 天低于预警所需等级以下，并预测在短期内预报级别不会明显上升，且大部分中暑病人得到有效救治，新发中暑病例数明显下降，则可终止响应。

高温应急响应体系需要各个部门的统筹协调，使各个系统结合为综合联动的整体，如监视与预警系统、应急服务产品制作系统等之间的相互协作，这样会给决策者带来更快速的信息，以便更快速地应对，确保在应对高温灾害时，保证人民生命财产的安全，减少灾害带来的损失。

5.2.4 我国已有的应急响应体系案例

我国的应急体系建设是自"非典"后逐步健全、完善并向深入发展的。2004年开始建立和完善全国应急预案体系，2005年应急管理工作全面展开，2006年召开全国第一次应急管理工作会议，2007年颁布第一部《中华人民共和国突发事件应对法》，2008年召开全国基层应急管理工作会议，2009年推进全国应急救援队伍建设，特别是近几年，国家连续出台加强应急管理工作的文件，对应急管理体系进行部署和要求。全国各地按照国家的统一部署，逐步加大应急管理工作力度。作为应急管理工作的重点地区，各特大城市均加强应急管理工作的落实，不断完善应急管理体制机制，建立起比较统一的应急管理组织体系（图5-7）。

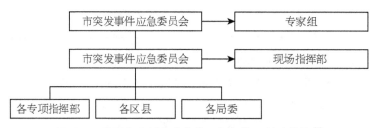

图 5-7 我国各大城市应急管理组织体系基础结构 [1]

（1）北京市气象灾害与应急管理

为了防御和减轻极端天气的影响，在制定《城市防灾减灾规划》中要充分考虑极端天气事件给城市系统带来的灾害影响，把气象灾害防御提到一个十分重要的位置。目前，北京区县级政府大部分已经编制、印发了本地气象灾害防御规划。

北京的"3+2+1"模式："3"指市政府应急管理机构、14个市级专项应急指挥机构和18个区县政府应急管理机构。"2"指信息管理体系，是以"110"为龙头、其他接报警平台联动的紧急报警中心，以及将各区县为民服务热线电话统一整合，以市长热线"12345"为统一号码的非紧急求助服务中心。"1"指以属地为主，企业、学校、社区、农村等社会单元为基础的基层应急管理工作体系。

北京市依据部门行业和不同灾害种类而编制的各类城市灾害应急预案较为完善。专项应急预案包括自然灾害、事故灾难、公共卫生事件、社会安全事件4类，共计35项，直接与气象灾害有关的预案超过10种，其他灾种也都需要提供气象服务。

建立和完善气象部门与各个职能部门如交通、公安、税务、市政、环保等部门的合作，建立气象灾害联动机制（图5-8）。当气象灾害将要发生或已经发生时，气象部门预警发布之后，应急预案启动。在市领导的统一指挥下，充分利用气象监测、预报预警信息，调动各级政府、部门及一切社会力量开展气象灾害防御和救助工作，尽最大力量把灾害损失降到最低。

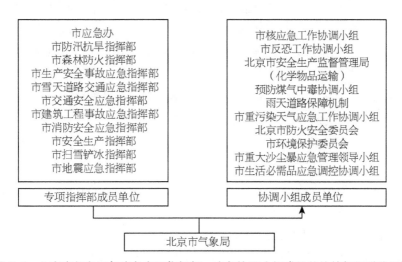

图5-8　北京市气象局与应急专项指挥部、应急协调小组成员单位的部门联动机构

（2）上海的应急响应体系

上海建立了常设的应急联动中心，在市委、市政府和市应急委的领导下，对全市范围内的突发事件按照统一指挥、分级管理的要求实施先期应急处置。上海将应急联动中心依托市公安局接处警中心建立，日常管理工作由公安局负责，并依托110指挥中心发挥作用。应急联动中心的设立，实现了对灾害事故的统一接警，110、119、120等特服号码已经连通，市民在紧急情况下只要拨打其中的一个号码即可实现报警。作为市突发事件应急响应的中枢和组织载体，应急联动中心对上海市危机管理的各联动单位实行开放制度。突发事件发生时，根据其性质，相关的联动单位可以进驻中心担负相应的协助指挥职能。如果先期应急处置仍不能控制突发事件，尤其是发生跨区域、大面积和可能引发严重后果的突发事件时，由上海市应急委或市委、市政府直接决定启动专项应急预案，统一组织指挥全市突发事件的应对工作。市应急办、市应急联动中心等部门进行协助，专项应急指挥部各成员单位进行具体实施。

主要不足之处是，由于将应急联动中心设在市公安局，市应急联动中心可能同时受到市应急委、市反恐办、市维稳办等多个协调管理机构的指挥，从而形成"多"对"一"的关系。这种模式存在的问题是多头领导，程序复杂，缺乏统一管理，反而会削弱对复合型突发事件的应对能力。另外，在全市资源的快速调集和整合方面，市公安局的指令难以形成有效的工作程序，特别是在一些重大突发事件的应急救援过程中，此问题暴露得比较明显。还有，没有规定市应急办和市应急联动中心之间的关系，二者在一些职能上存在重合，在应急管理工作中经常产生冲突。

尽管各国的气象灾害应急管理模式因国情不同而各具特色，但核心内容实质上都是一致的：依据法律建立的立体化、网络化的综合减灾、应急管理体系，从上到下的常设专职机构，相关专业人员组成的抢险救援队伍，严格而高效的政府信息发布系统及明确的政府职能和部门合作，超前的灾害研究和事故预防机制，普遍的灾害意识培养和全社会的应急培训，充足的应急准备和可靠的信息网络保障。像美国、日本、德国、澳大利亚等国家都已经建立起一套有针对性的应急管理体系，形成了特色鲜明的应急管理体制与机制，其理论和做法值得我国借鉴。

相比之下，我国应急管理体系建设起步相对较晚，2009 年 12 月由国务院办公厅印发实施《国家气象灾害应急预案》，这是我国气象防灾减灾体系建设中的一个里程碑。该应急预案从全社会防灾减灾的角度出发，明确了"政府主导、部门联动、社会参与"的气象防灾减灾机制，气象部门的"消息树"作用及各防灾主体职责得以确立，实现了从部门动员到全社会参与的转变，使中国特色防灾减灾机制的优越性得到进一步发挥。经过几年的贯彻实施，《国家气象灾害应急预案》初步达到了建立健全气象灾害应急响应机制，提高气象灾害防范、处置能力的目标，为我国气象防灾事业的发展做出了有目共睹的贡献。

参考文献

[1] 焦勇. 特大型城市应急管理体系研究 [D]. 天津大学，2013.

[2] 金磊. 美国城市公共安全应急体系建设方法研究 [J]. 城市管理与科技，2008，24 (2)：81-84.

[3] 林艳兰，黄理稳. 阳江市气象灾害应急管理体系建设研究 [D]. 广州：华南理工大学，2014.

第六章　应对极端高温天气事件的重要基础设施策略

随着全球气候变暖加之热岛效应，高温天气成为城市必须关注的气候灾害。例如，在过去 20 年内，武汉市发生的多次高温天气事件造成了严重的后果。高温天气具有灾害性，如威胁人类健康，增加用水、用电负荷，影响农作物生长，加剧旱情等。武汉市位于长江中下游地区，七八月持续受副热带高压控制，天气晴朗少云，太阳辐射强，气温高。八月最高气温达 38℃，局部地区可达 39～40℃。根据中国气象局的规定，日极端最高气温≥35℃ 的天气称为高温天气，我国每日极端高温分为 3 级：高温（≥35℃），危害性高温（≥38℃），强危害性高温（≥40℃）。鉴于近来高温天气的频发及其对水资源、农业和能源等方面带来的严重影响，高温防治越来越受到全社会的普遍关注，因此切实可行的防治措施和准确的高温预报对减轻高温灾害具有非常重要的意义。

6.1　水资源方面

水资源作为基础性自然资源、战略性经济资源和公共性社会资源，对城市经济社会可持续发展的支撑和保证发挥着重要作用。我国水资源地区分布不均，沿江及平原地带水多易涝，山区和丘陵岗地水少易旱的问题较为突出。且存在水资源开发利用不合理等问题，造成水土流失、沙化等自然灾害，影响水体质量和安全。特别是随着当地区域的气候变化，作为"十大火炉"城市之一的武汉受到夏季持续极端高温天气的影响，水资源的安全适用性如何实现，水库、给排水等基础设施如何应对极端高温天气带来的不利影响，是武汉市发展过程中面临的重大问题。因此，有必要提出相应的对策和管理措施，缓解极端高温天气下水资源可能出现的各种问题，更好地促进社会经济发展。

6.1.1　城市极端高温天气下水资源安全的相关适应对策建议

近 50 年来武汉市夏季高温最长持续日数呈增长趋势，高温天气灾害呈增多趋势，这样的区域气候变化背景导致该区域 50 年来的夏旱、伏旱灾害增多、增强。而高温天气又导致居民生活用水、工业生产用水及农业灌溉用水的需求剧增，因此频繁的高温天气会进一步恶化紧张的区域水资源形势。一旦出现区域干旱，当地水资源中污染物浓度升高，水质变得更加恶劣。另外，原本持续高温热浪下出现短时强降雨会引发意外事故，如宁波江东区在高温天气下因突降暴雨而发生伤亡事故，狂风暴雨导致房屋倒塌，由此带来的社会经济损失也呈增加趋势。为此，从安全性方面对高温天气下水资源安全的应对策略提出建议。

1）对于前期高温天气可能会引发的自然灾害问题应设立相应的预测警示系统，应加强与有关部门的沟通与合作，进一步提升流域极端天气事件监测预警服务能力。建立水资源应急指挥信息发布平台，为处置极端高温天气等重大气象灾害应急指挥提供决策服务和指挥部署，如陕西咸阳在此方面已经做得比较完善。信息发布平台主要依托数据分析系统、服务信息共享系统、自动信息处理系统等业务系统，集成气象灾害应急决策信息、预报预警、应急响应、灾情反馈等功能，实现气象灾害应对的快速决策响应、高效联动交流和及时指导反馈。例如，2015年 11 月 23 日，陕西省气象局和咸阳市签署了《共同加快推进"十三五"咸阳气象事业发展合作协议》（以下简称《合作协议》）。按照《合作协议》，陕西省气象局和咸阳市将本着紧密合作、优先保障、共同发展的原则，加快推进咸阳气象业务现代化、气象服务社会化、气象工作法治化进程，率先建成咸阳智慧气象，推动气象预测预报、公共气象服务、防灾减灾和应对气候变化能力达到省内一流、西部领先水平。到 2017 年年末，全市基本实现气象现代化；到 2020 年，建成观测智能、预报精准、服务开放、管理科学的智慧气象，实现 24 小时晴雨预报准确率达到 90% 以上，暴雨过程预报准确率达到 75% 以上，人工影响天气增雨作业面积达到 90% 以上，预警信息社会公众覆盖率达到 95% 以上，社会公众满意度达到 90% 以上，基本实现城乡公共气象服务均等化[1]。

2）对水源有保障、人口也比较集中的地区，改造自来水厂管路设计，建立灾害应急给排水系统，建立独立的辅助供水系统和移动供水系统来保证高温天气下的水资源供应，在此方面国外有较多相关案例，如美国、日本、马来西亚等。通过规划备用水源地、加开机泵运行台数、采用移动供水设备，缓解灾害发生时调水难、水质保证、应急等问题，如碟管式反浸透挪动应急供水系统，采用车载集装箱式装配。在水资源应急情况下可以快速到达需水区，每日可供水 2000 吨，解决约 15 万人的平安用水。

3）对于水利部门集中供水难以覆盖，又缺乏水源的红层及岩溶地区，由于红层地区的风化裂隙对下渗的地表水有天然的储存、过滤和净化功能，可在地下 20 ～ 30 米处形成优质饮用水。因此可以勘查定位后通过打井解决散户的人畜饮水。

4）针对极端高温天气导致的干旱区域进行水资源安全综合评价工作。选取水体常见及危害程度较高的污染物质作为评价指标，根据每种污染物的危害程度设定指标权重，确定不同的安全等级，不同安全等级的水体采用不同能力的处理技术，实现高温时段水质保证。一旦数值超过所能接受的安全范围，马上给出相应的应急办法。目前南京、重庆等高温事件多发地区已有此方面的案例。

5）针对突发性水体污染，提升应急处理技术水平。一旦发生水体污染浓度超标，初步对可吸附污染物采用活性炭吸附技术；对金属、非金属污染物采取添加沉淀剂处理；对还原性污染物采取简单的化学氧化技术，暂时稳定污染情况；对微生物污染较强的区域采取消毒措施等；对难以快速处理的还原性物质、藻类等开发高效的应急净水技术。在水体的突发性污染应急方面，松花江、北江水等都具有处理经验，山东省在农村饮用水特殊水质处理技术方面也做了相应的研究。例如，面对频发的突发水污染事故及其对社会生产生活的危害，学者们对不同的应急措施进行了大量的研究。刘韵达等研究常规给水工艺混凝、沉淀和过滤对突发挥发酚污染原水的处理情况，并重点研究了吸附、臭氧预氧化和高锰酸钾预氧化等多种应急工艺的除污效能。高中方等分析了发生突发性镉污染时污染物在水体中的存在形式，考察了常规混凝、化学沉淀的处理效果及各自的优缺点，并对两者联用对污染源水的处理效果进行了研究。陈芳艳等以黄浦江饮用水源地取水口突发苯酚污染为背景，分别采用高锰酸钾氧化及吸附对突发苯酚污染进行消减试验，确定了不同的苯酚污染程度下，适宜的工艺和相应的药剂投加量。受突发水污染事故中不同特征污染物理化性质和应急工程条件等因素的限制与影响，针对突发水污染事故一般有以下应急处置措施：工程应急调度法、吸附拦截法、混凝沉淀法、催化氧化法及生物降解法等 [2]。

6）加强极端高温天气时段水质监测能力，提高检测频率。高温天气极易造成区域干旱，此时水体中的污染物浓度加倍，危害也相应增加。通过提高同时段的检测频率可尽早得知可能发生的污染浓度超标等水质问题，减轻高温带来的水质安全问题。同时，为应急检测人员、工作人员提供降温场所，做好人员安全保障工作。

6.1.2 城市极端高温天气下水库安全评估对策

持续的极端高温天气进一步导致干旱情况，干旱期晴热少雨造成大小水库低于死水位，甚至干涸。长时间的高温或暴晒会影响水库水工混凝土材料和结构应力变化，甚至造成开裂。且高温环境下一些机电设备一旦超过极限安全温度将被迫停机冷却，造成水库停运，带来严重经济损失。若在高温天气下发生短时强降雨，则会加重水工混凝土材料碳化程度及水工混凝土建筑物的腐蚀破坏。且极端暴雨会引起水位突涨发生洪涝灾害，超标准洪水对水库工程安全影响较大。湖北省早前就有类似案例发生，导致水库溢洪。为此，从抗旱防洪方面对高温天气下水库安全应对措施提出建议。

1）我国的水库开发利用缺乏科学管理，应改变过去"重涝轻旱"的管水调水模式，需要利用梯级水库的叠加防洪作用和动态汛限水位，解决防洪与蓄水之间的矛盾。

2）建立水库安全评估模式。选取坝体工程质量、大坝运行情况、大坝维修及时情况、安全监测程度、坝体变形及渗漏程度等具体参数作为评价指标，安全程度可从轻微到重大灾难分为不同等级，以便对水库安全风险得出评价结果，并根据不同安全等级采取水库补修措施。

3）极端高温天气出现时段加强水库安全巡视，定期进行水库安全风险评价工作。高温天气时段各设备及安全要素都比较敏感，加强巡视甚至进行实时监测，可降低危害程度；与此同时，保障巡视、检测人员的安全问题，及时采取降温措施。

4）通过除险加固、改进水库坝体结构等措施，加强水库对极端高温天气的耐受性。建议坝基、坝肩采用灌浆防渗处理，坝体采用冲抓回填、加土工膜或高喷灌浆。针对开裂等问题，建议在进入高温时段前重新浇筑混凝土进行完善，提高高温天气下水库的对抗能力。除此之外还要设置防汛及日常管理设备，兼顾防止其他极端气候带来的不良影响，如暴雨、冰雹等。在水库安全加固方面，仙桃市的沙湖岭水库及重庆沙坪坝在此方面均具有一定的研究经验。例如，2015年重庆市沙坪坝区水利管理站完成的水利工程建设任务为：完成了石花水库、大烂池水库除险加固工程，完成了5座水库白蚁治理工程，完成了水库监测设施和水库管理平台建设。

6.1.3 应对城市极端高温天气给排水工程设计与改造

夏季出现的极端高温天气导致人们在饮用、生活、农业生产方面用水量大增，城市中的各类生物用水量也显著增加，再加上每天给道路洒水降温等，多次发生用水矛盾和恐慌问题。武汉市在高温天气里用水量屡创新高，不少供水设备超负荷运行，导致出现故障。除了供水方面，用水增加使得排水量也随之增加，污水处理负荷增大，甚至超出城市污水处理能力，给城市给排水部门带来巨大压力。为缓解城市高温天气下用水矛盾和污水处理情况，在给排水工程设计与改造方面提出对策建议。

1）建立灾害应急给排水系统，建立独立的辅助供水系统和移动供水系统。可设置混凝土结构设有出入孔的地下水池，平时通过消防栓内水管向它们充水，设置在街角，便于维修，可靠性高。当供水主干管路无法正常运行时，可通过地下水池向外抽水。美国旧金山市和日本横滨市在灾害应急给排水系统方面的应用都比较早，具体技术也比较成熟。

2）开展隧道工程解决应急送水问题。通过建造隧道，平时作为交通隧道，极端天气下造成的洪水时期作为防洪隧道，既可缓解灾害又解决了市区交通阻塞的问题，一举两得。马来西亚由于地理条件，终年高温多雨，通过建设隧道工程使给排水系统得到了很大的改善。日本也有类似案例，可用于实际应用。

3）推广节水器具，推进污水再生利用处理技术。极端高温天气需水量剧增，极易造成缺水干旱，通过平时节水器具的使用及污水处理再生技术，节约及循环用水，增大水资源的储蓄量，有效缓解水资源供给不足的问题。在污水再生利用模式和生产技术方面，日本的体系模式比较成熟。分为单独循环模式、地区循环模式、广域循环模式，分别设置不同规模的污水再生利用工程。根据不同的处理目标和用途，设置多种处理工艺链，因地制宜。

4）增设移动应急供水系统。移动应急供水系统可以快速到达需水区，且供水量充足，还可直接装置于城市水厂末端，将处置后的纯净水直接接入城市供水管网。且移动供水设备可100%截留大肠菌群，对砷、铅、汞等重金属的截留率也高达99%，自动化水平高，操作、维修比较简单，寿命也较长，有效保障高温时段的供水水质。

自然灾害或污染事故的发生，常常会给当地群众的饮水安全带来威胁，影响救灾和治理工作的进行。而远距离调水又费时费力，因此，急需安全、便捷的应急供水设施。图6-1为某应急供水系统，采用车载集装箱式装配，可在自然灾害或严重水污染事件发生后迅速抵达目的地，规格最大的每日供水能力为2000吨，可为20万人提供安全的饮用水，紧急制水成本每吨仅3元。此系统采用反渗透技术，开机 15 分钟即能产水，可以直接处理高浊度重污染水源，净水回收率达到 70%。系统自动化程度高，操作、维修简单，使用寿命长达 20 年。移动应急供水系统工艺流程如图 6-2 所示。据介绍，汶川地震发生后，住房和城乡建设部曾先后抽调 3 辆车载移动式应急供水设备到重灾区群众安置点投入使用。

图 6-1　移动应急水车内部构造 [3]

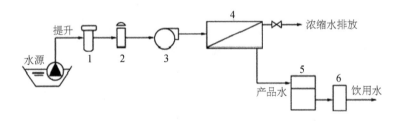

1—预过滤器装置；2—保安过滤器；3—高压泵；4—DTRO 膜柱；
5—饮用水箱；6—紫外杀菌器

图 6-2　移动应急供水系统工艺流程 [3]

5) 保证重点，压缩各部门需水量。应对夏季极端高温带来的缺水情况，可按照保证重点、适当压缩的原则对各部门水资源供给量进行限制。城镇生活根据其最低需水要求，实行限量供水；高耗水行业或对社会经济影响较小的工矿企业，实行限产或停产；压缩灌溉需水量，调整农业结构，提高节水型农业科技含量等。

6）巡查管网，及时抢修。加强对给排水管网的巡查、及时抢修是保证供水的重要措施。为保障夏季高温供水，可以联合各供水企业，提前对所属水厂的水泵、电气设备、供电线路等进行检修和维护，并增加值班抢修人员，及时抢修问题管道；此外，通过先铺设临时管，再进行地下管线施工的方法保障市民夏季高温用水。

6.1.4　城市应对高温极端天气的水资源管理措施

应对城市高温天气，合理的水资源管理措施必不可少。高温天气导致的严重缺水已经成为制约城市经济发展的主要因素，不少地区出现的水资源供求矛盾、水资源利用结构不合理，均是由管理措施不当造成的。尤其在高温天气需水量剧增的情况下，水资源的合理利用显得尤为重要。针对城市高温极端天气提出水资源管理措施。

1）成立城市高温水资源灾害总指挥部，各职能部门分工明确，责任明确到个人。各部门密切配合，建立内部网络系统及时交流信息。在高温保供方案中对辖区内自来水厂、营业所、管线所、稽查科、检测中心、供排水调度中心等单位在夏季保供中的权责进行明确，提高处理效率。建立应急送水服务机制、建设24小时服务热线等解决用户用水问题。

2）高温季节用水量大增，且水资源浪费严重。保证充足的淡水供应是预防高温灾害的重要措施，除大量宣传节约用水以外，还必须通过水价调整来解决。我国目前的水价调整大部分以解决企业亏损、减少财政补贴为目的，难以体现对稀缺性资源配置的调控作用，居民感受不到水资源的紧缺，节水意识薄弱。加大城市供水价格的改革力度，充分发挥价格杠杆在水需求调节、水资源配置和节约用水方面的作用。水价要充分体现资源的稀缺性，进一步理顺水资源费、自来水价格、污水处理再生水及各类用水价格的比价关系。要认真执行居民阶梯性水价、非居民用水超计划超定额加价制度，拉大定额外用水和定额内用水的价差，促进城市用水结构的调整。我国甘肃地区已开始实行这类措施，实际自来水消费明显减少，节水效果良好。

3）控制用水总量，推进水权转换制度，通过"农业综合节水—水权有偿转换—工业高效用水"的创新用水模式，减少输水过程中的损失，提高储水量。由工程项目出资建设节水改造工程，节约的水用于工业。依靠政府宏观调控，利用市场机制引导水权向更高附加值产业流动。宁夏已于2012年率先实施了水权转换制度，用水总量有所控制，节水量大有提高。

4）调整供水结构。极端高温天气导致干旱区域的供水结构以地下水为主，地表水和再生水所占比重较低，造成生态环境进一步恶化，提高地表水和再生水的供水比例，可缓解地下水压力。在水资源供应量不足的情况下以饮用水为主要供给，减少农业用水，必要时停止非必要活动的用水。可通过优化配置，合理分配水资源，使用水价值最大化。

6.2 能源方面

极端高温天气下，不仅城市耗能、用电会有所增加，能源的供给和安全也会受到相应的影响，电网系统的发电、送电和用电系统的安全性都会受到高温威胁。因此，合理地对极端高温天气进行应对，才能够保证能源系统的正常运行，降低极端高温天气带来的损失和安全隐患。

极端高温天气对城市能源的影响主要体现在能源的生产、输送和负荷3个方面。其中生产端受到的影响包括高温对燃气机组效率及稳定性的影响；运输端受到的影响包括在能源的运输过程中，石油、天然气等运输管道，以及电网送电和变压设备的运营和安全性；负载端受到的影响主要是在极端高温天气中，空调或其他负载的大额攀升对供电设施带来的威胁。另外，由于在极端高温天气下能源负荷升高，更应该及时防范的是由于缺少能源对居民的身体健康与财产安全造成的伤害。

建议政府部门成立城市高温灾害总指挥部，政府职能部门应分工明确，严司其职，责任明确到个人。建立部门之间的内部网络系统，及时交流信息。水电部门关系到城市居民日常生活，应严格由政府统一调度。一旦出现事故，各部门之间应密切配合，齐心协力缓解市民的缺水缺电状况，这就需要在交通、卫生、医疗、水利、电业等各部门都要设立应急措施。例如，2003年7月，武汉市紧急启动全市690处空调纳凉点，24小时开放，为3万多名群众度暑纳凉提供方便[4]。

6.2.1 能源产业对极端高温天气的敏感性分析

通过对华北五省（区、市）能源、交通行业产值对极端高温天气（CDD）等要素的动态敏感系数变化趋势和极端值情况分析可知（图6-3），动态敏感性与静态敏感性分析结果基本一致，极端高温天气对能源、交通行业产值的影响较小，主要是由消费结构、交通运输方式及华北地区气候类型所决定。另外，华北地区降水量较少，属于水资源缺乏地区，发生暴雨和洪涝灾害的频率相对较低，相应地，对能源、交通行业的经济损失影响也较少。

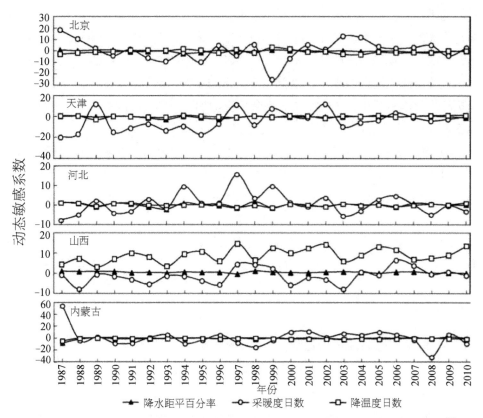

图6-3　华北五省（区、市）能源、交通行业产值对极端天气等要素的敏感性分析[5]

极端高温天气对北京市能源行业产值的影响较小，这主要是由于该市的能源消费结构。北京市能源消费以煤炭、石油为主，水资源贫乏，降水量的大小对能源生产和消费没有实质影响；此外，该市高温热浪成灾率低且程度较轻。

由此可以得出部分结论，能源结构在以煤炭、石油为主的地区，受极端高温天气的影响还是相对较小的，而极端高温天气导致的干旱问题，则对以水电为主要能源的地区有较大的影响[5]。

6.2.2　高温影响能源生产的主要方式

城市极端气候条件下，能源管道的输送会受到一定的影响，研究如何安全高效地在这种环境中进行能源输送显得尤为重要。

1）高温影响提供动力的燃气机组效率。在极端高温的气候条件下，为输送石油提供动力的燃气轮机受到的影响较大，且入口空气温度对燃气轮机性能的影响是最大的。主要表现为在较高的环境温度下燃气轮机的功率会有一定程度的降低，导致外界环境温度越高，机组的功率越小。同时，随着环境温度的升高，燃气轮机的温压比逐渐减小，对改善燃气轮机的热力循环效率非常不利，并且燃气轮机的热效率将减小，热耗率和能耗会相应增加；当环境温度在 $-12 \sim 40$℃时，温度每升高 1℃，热耗率因子平均增加约 0.2%。

2）高温影响稳定时间和调节频率。管道在失效泵机组重新恢复运行时，不能及时达到其可能达到的最大流量。稳定时间越长，输送能力要达到最大值的时间就会越长。调节频率是管道系统在单位时间内从非稳定状态调节到稳定状态的次数。在高温的情况下，该项工作的难度也大大加大。

3）高温影响管道及设备的稳定性。钢管和阀门及管道连接的可靠度影响管道输送能力，在高温环境中，连接设备的可靠性降低；同时，高温会加快管道腐蚀，对管道的安全可靠性产生不良影响。此外，检修巡查人员的工作效率也会因为高温而有所下降。

6.2.3 保证和提高能源管道输送能力的措施

1）为管道增加实时监测设备，动态监测管道的实施情况，出现问题能够及时提供警报，合理规划工作人员的值班轮班安排，防暑降温，保障人员安全。

2）增加每个泵站的备用泵机组，缩短泵机组维修时间。由于泵机组是泵站的核心，也是保证输送的动力所在。在考虑投入成本控制的前提下，增加备用泵机组，提高泵站的可靠度。在其因高温出现故障的第一时间马上起用备用泵，缩短切换时间，避免造成管道停输。

3)提高外供电的可靠性。外供电是保障长输管道正常运行的最重要因素之一，只有提高其可靠性，才能保障管道的平稳运行。应尽量与当地供电部门做好协调，确保供电正常，从而防止意外放电造成的泵机组甩泵及非计划外停电造成的管线停输，保障管道输送能力。

4）加强外管线的巡查力度。外管线的巡查也是保障管道输送能力的一项重要工作。针对外管线经常发生自然灾害的站点，提前备足抢险物资，做好防范工作，减少意外事件带来的损失；加大外管线上占压清理工作力度；与当地的公安部门做好群防、联防工作，防止不法分子的犯罪行为发生。

5）加强设备的保养维护。重点关注主要泵站的保养维护，包括在用设备和备用设备，防止泵站失效。同时做好其他设备如自控系统、电气设备、阀门、压力显示系统、温度系统等的维护保养。

6.2.4 城市极端高温条件下的管道风险评估

随着温室气体排放量的不断增多，全球气候逐年变暖。气候的改变增加了自然灾害和地质灾害发生的频率和强度，威胁油气长输管道的运行安全。研究未来气候的变化趋势及气候变化对油气长输管道的影响，对保障油气长输管道的安全运行具有非常重要的现实意义。

在极端高温条件下，影响油气管道风险评估质量的因素众多，结合油气管道风险评估的工作流程，从经济可行的角度出发，可以将影响油气管道风险评估的主要因素大致归纳为人为因素、物理因素、工程因素和管理因素4个方面。

1）人为因素。在开展油气管道风险评估的过程中风险评估员是主体，他们对最终风险评估质量的影响是决定性的。在极端高温条件下，人为因素并不会因为环境而呈现与其他时候的差异。

2）物理因素。对油气管道风险评估的质量评价产生影响的物理因素主要出现在油气管道风险评估前，油气管道风险评估的准备工作是否完善，直接关系到整个风险评估工作的效率和效果。

3）工程因素。在提升现有技术的基础上开展相关技术服务和实践。在极端高温的条件下，工程施工建设会受到限制，技术质量也会有所下降，从而影响管道的稳定运行。

4）管理因素。管理因素贯穿于油气管道风险评估项目进行的始末，因此，该因素对最终评估质量的影响也是不可忽略的。但在管理过程中，施工人员会在较大程度上受到高温天气的影响，以致影响其管理工作。

6.2.5 应对极端高温天气的能源管道管理措施

随着国家城乡建设加快和经济结构转型升级，对天然气等清洁能源的要求越来越高，天然气勘探开发速度加快，我国的油气管道安全管理体制目前正处于转型升级的关键时刻。在面对极端高温天气时，能源管道安全运行的重要性进一步提升。

1）加强气候变化与油气长输管道的相关科学研究工作。在对近期气候变化进行预测的基础上，进一步加强对极端高温天气事件和气象灾害的研究工作，优化完善油气长输管道的防灾技术，制定防灾技术标准。采用先进可靠的新技术和新装备提高油气长输管道应对极端高温天气事件的能力，研究气象灾害发生后油气长输管道的快速恢复机制。

2）做好油气长输管道应对气候变化的前期规划与设计，开展气候变化对油气长输管道影响的专项评估。有些已建油气长输管道在规划阶段已经考虑了气象灾害的影响，但是随着全球气候的变化，高温灾害的强度、频度和范围将随之发生变化，因此，要及时将科学研究得出的最新数据和成果应用到新建油气长输管道的规划和设计中，充分考虑气候变化的影响，进一步增强油气长输管道应对气候变化的能力。

3）在油气长输管道工程规划实施前要召集相关部门、专家对方案进行反复论证，在规划实施后工程管理方要进行信息的收集与反馈，建立完善的监督检查机制，及时跟踪最新的气候变化科研成果，并对规划方案进行修正。

4）对于已建油气长输管道需重新复核其应对极端高温天气事件的能力，加强其防御能力的建设，建立防御极端天气事件的长期战略机制，完善防灾减灾体系。同时，应采取措施尽可能地增加天然气的储备量，当油气长输管道发生意外不能正常输送时，可以调用储备的天然气，以保证天然气向下游用户的供给。加大对天然气地下储气库和 LNG 接收站的研究和建设，提高整个管网系统的抗风险能力。

6.2.6　极端高温天气输配电网工程应对技术与措施

随着城市居民生活水平的提高，空调及取暖电器大量进入家庭，降温取暖负荷在总用电负荷中所占比重越来越大，这部分负荷与气温变化有着紧密的联系，并通过以下方面对电网产生影响。

（1）高温对输配电网影响的主要方式

1）负荷升高威胁电网设备的安全运行。夏季气温升高会使得设备运行环境恶化，加上负荷升高，运行条件更加恶劣，从而失去对事故的抵御能力，导致故障不断，抢修人员疲于奔命。此外，各类植物在日照充足、水源丰富时，生长速度明显加快，特别是树木，年生长高度为 1～3m，主要集中在夏季高温时节。高温天气使得导线与下方的树木距离变小，容易发生导线对树木放电的故障。

2）负荷升高影响电网的经济运行。为保证高温季节电网安全运行和全社会的用电需求，电力企业不得不加大投入，新建发电厂，并投入巨额资金进行电网改造，增加新的变电站、线路和公用供电点。用电结构发生变化，与气温关系密切的用电设备大量增加，导致电量增速低于负荷增速。高温天气下，各类设备出现故障的概率增加，当出现设备故障时，电网运行方式会突然变化，潮流改变，可能使系统中某些设备出现过负荷情况，诱发电网事故。

3）负荷变化大使电网峰谷差增大。例如，武汉地区用电负荷受气温影响很突出，负荷变化悬殊且频繁，这对电网运行和调度十分不利。应对负荷变化不仅要求电网有较高的储备系数，而且要求电厂有好的调峰性能。对武汉电网来讲，虽然 220kV 双环网主结构比较强，但城区内 220kV 负荷变电站和 110kV 及以下配网结构显得相对薄弱。主网调峰能力严重不足的问题在武汉电网中也明显存在。

4）高温天气使导线弧垂变大，可能造成导线对地面及交叉跨越物的安全距离不足，而发生放电事故。气象台的气温是指气象观测场距离地面 1.5m 高、自然通风良好的百叶箱内的温度，而输电线路曝晒在烈日下，导线温度将高于气象台所测温度。由于日照引起温度偏差，弧垂变化应大于理论计算值。

5）高温天气使运行人员巡视质量下降。在高温时节，由于平原地段农作物遍地，山区地段荆棘密布，致使巡视路径复杂，工作强度加大，人员到位情况变差，设备缺陷发现率降低。

（2）应对极端气候条件电网的技术建议

1）线路维护部门在高温天气和大负荷情况下，加强对线路的巡视。及时对线路进行测温工作，若发现线路通道内有障碍物，应及时清除。在不能及时清除线路通道内障碍物时，应及时通知相关单位做好预防事故的准备工作。

2）调度部门在高温天气的用电高负荷近期期间，应根据环境温度，做好线路的荷载计算工作，及时调整运行方式，控制线路潮流，保证每条导线都在设计运行温度以下运行。对有缺陷的设备和线路及时进行改造并限制其负荷，防止事故的发生，保证电力系统安全稳定运行。

3）加大城网改造力度。对历史上遗留的卡口线路及小容量、高损耗变压器予以更换，特别是加快人口稠密、商业发达的老城区的中低压配网的改造步伐，增加电网的供电容量和受电潮流，增加新的供电点和线路，增加住宅接户线和电表的容量，减小因气温变化而引起的负荷变化。

4）加强与气象部门的联系，对气温变化做到"心中有数"，变被动为主动。

提前了解气温变化趋势，电力部门可采取主动调整电网运行方式，有计划地进行"错峰"和负荷倒换，并对电网设备检修和调峰电厂启停进行合理的预安排等措施，使气温变化对电网运行的冲击和负面效应减至最小。

5）建立关于负荷与温度的数学模型，结合气象部门提供的气温预测资料，重点对极端高温天气负荷量做出预测，得出电网负荷可能达到的最高值及变化范围，为电网调度提供较为可靠的参考数据，确保电网安全运行，提高供电可靠性。

6）加强对调峰电厂的运营管理，努力降低发电成本。例如，武汉沌口燃机电厂在投运后的几年中，为武汉电网大方式下的"顶峰"，在气温变化时负荷骤增能有效满足对电力的需求。这就要求调峰电厂进一步强化运营管理机制，努力降低发电成本，保证在竞价上网中具有更大的优势。同时，进一步推行峰谷电价、丰枯电价，在电价上对调峰电厂应适当倾斜，让电厂为电网调峰运行发挥更显著的作用。

7）加强设备分析。掌握并沟线夹接头数量及有无发热现象；掌握导线断股和严重损伤情况；掌握临界状态的交叉跨越物、苗圃或树木；掌握导线对公路垂直距离裕度较小的情况；掌握线路附近施工作业可能通过大型机械的区段；掌握重载线路；掌握历年发生较多的问题。通过对上述情况的分析，确定出重点线路、区段、部件，并进行监控。

6.2.7 极端高温天气的应对策略

能源系统在极端高温天气或高温热浪的气候条件下，出现的诸多问题与隐患，大多是由于在系统设计阶段的考虑不足，无法承受相应的气温变化，或是因为人为的管理不当、监控缺失、缺少相应的应急管理办法造成的故障与险情。相比于极端低温天气导致的低温、冰雪灾害，极端高温天气对能源系统造成的影响相对较小一些，大多数能源机构、能源设备也能够较好地应对高温变化。因此在能源系统对极端高温天气的应对策略中，应该以设计阶段充分考虑温度敏感性为主，通过设备上的改进解决安全隐患，同时做好高温预警和故障预案，对高危设备及时维护、检修，无法承受高温的设备应在高温预警后及时关闭，防止对设备造成不可修复的损耗，导致更多的经济损失。

以下列举若干应对极端高温天气的案例：

（1）极端高温天气下过高负荷的应对策略与案例

2009 年 7 月，重庆市气象台发布高温天气橙色警报，全市最高气温 38℃，局部气温将达到 40℃，重庆将出现长达 25～35 天的高温伏旱天气。7 月 13—16 日，全网统调最高负荷纪录连连刷新。15 日上午早高峰时，最高负荷达 745.4 万千瓦，入伏以来首次突破纪录；随着持续高温，负荷节节攀升，15 日晚间，负荷再次冲上 745.7 万千瓦，同比增长 4%，第 2 次创下重庆电网历史最高纪录；16 日晚 21 时，负荷攀升至 773.8 万千瓦，电网可调负荷 868 万千瓦，第 3 次刷新历史纪录；全市电网负荷持续高位运行，远远超过去年全年 717 万千瓦的统调最高负荷。

面对此轮大负荷冲击，重庆电网精心调度，沉着应对，全力保障全市居民度夏用电。早在 6 月中旬，重庆市电力公司就提前部署，认真落实迎峰度夏的各项措施，备战负荷高峰。电力公司加强与重庆市专业气象台的联系，随时关注天气趋势，掌握气候信息；主网运行方式调整为大负荷方式，7 月 14 日、15 日两天内，按计划开出近 100 万千瓦机组，并将恒泰电厂一台 30 万千瓦检修机组作为备用。

在此期间，电网全接线、全保护运行，取消了输变电设备检修工作，110kV 盘松线、盘礼线的检修停止，并调整 220kV 人和站主变消缺时间，改为夜间进行。同时，抓紧投运了 500kV 圣泉变电站、220kV 合川江东变电站、220kV 桥田双回线路等一批输变电设施。加大了外购电力度，外购电力 183.3 万千瓦时，8 家主力火电厂主动迎战度夏高峰，存煤 140 多万吨，为确保电网安全稳定运行提供了有力保障。

（2）极端高温天气下的电网应对方法

在城市电网的建设改造中，规划布置先进合理的城网结构是解决城市高负荷密度供电问题的关键环节，有效、科学的能源规划设计与合理、及时的预警预案实施，是极端高温天气下应对能源供应与能源安全问题的主要方法。

此外，在城市能源供配方案中，城网的结构一般包括送电网、高压配电网和中低压配电网 3 个主要组成部分。为适应短期的电网高负荷运行，先进、稳定、具备自我管理和自我排除故障能力的电网系统就显得尤为重要。

美国能源部在《Grid 2030》提出了"智能电网"的概念：一个完全自动化的电力传输网络，能够监视和控制每个用户和电网节点，保证从电厂到终端用户整个输配电过程中所有节点之间的信息和电能的双向流动。

"十二五"期间，国家电网投资 5000 亿元，建成连接大型能源基地与主要负荷中心的"三横三纵"特高压骨干网架和 13 回长距离支流输电工程，初步建成了核心的世界一流的坚强智能电网。坚强智能电网的发展在全世界还处于起步阶段，没有一个共同的精确定义，但是在能源需求日益紧张、人民对能源质量（供电稳定性）的要求越来越高的环境下，更先进的技术和理念，应该被及时地发展和推广，以应对气候变化对人们的影响。

6.3 农业方面

农业对气候变化反应非常敏感，联合国政府间气候变化专门委员会和联合国粮农组织都将农业列为易遭受气候变化影响的产业之一。全球气候变暖已对我国农业生产和粮食安全造成严重的影响，主要表现为作物产量显著减少，粮食生产的波动性显著增加。为减轻极端高温天气对农业生产带来的损失，尽快制定和实施应对极端高温天气的技术和管理措施是当前促进农业发展的首要任务，也关系到国家未来的发展。

6.3.1 农作物的高温抗旱措施

在全球气候变暖的背景下，高温干旱成为威胁农业生产的重要因素之一。我国每年因旱灾平均损失粮食 100 亿千克，约占各种自然灾害损失总量的 60%。2003 年安徽省受高温热害成灾的面积达 500 多万亩[①]，减产 10 亿千克；2006 年江淮地区和南京地区受灾面积达百万亩。2007 年，我国大部分地区发生了程度不同的干旱灾害，其中部分地区发生了特大干旱灾害。全国农作物累计受旱面积 5.99 亿亩，因旱受灾面积 4.41 亿亩，导致粮食损失 373.6 亿千克，经济作物损失 422.4 亿元，影响人口 2044 万[6]。

以河南为例，河南地处我国中东部的中纬度内陆地区，气候存在着自南向北由北亚热带向暖温带气候过渡、自东向西由平原向丘陵山地气候过渡的两个过渡性特征。降水时空分布极其不均，旱涝灾害发生频繁，其中干旱是制约农业生产的最主要气象灾害，发生频率高，持续时间长，波及范围大，历史上就有"十年九旱"之说。受灾面积平均每年 96 万公顷，占全省耕地总面积的 15%，受灾严重年份可达 461.89 万公顷，占全省耕地总面积的 70%[7]。

再以武汉为例，武汉地处江汉平原东部，在高温抗旱的防御上也不容忽视。在抗旱工作上，要根据不同的作物区别对待，有针对性地进行各项工作。

对于武汉主要农作物水稻，其生育前期和开花灌浆时期都会受到高温热害的影响，导致产量明显下降。不同温度下水稻的生长情况见表 6-1、表 6-2。

---

① 1 亩 =666.67m^2，下同。

表 6-1　不同温度下水稻开花率

温度（℃）	30	32	35	38
总开花率（%）	75.1	37.4	19.5	20.9
花药开裂率（%）	88.8	83.6	83.1	41.6

表 6-2　不同温度下水稻结实率

温度（℃）	28	30	32	35	38
实粒率（%）	80.9	52.2	32.6	18.9	0
秕粒率（%）	1.0	2.3	2.3	4.3	11.5
空粒率（%）	18.1	45.5	65.1	76.8	88.5

为有效解决武汉市高温干旱对水稻的影响，提出以下具体措施：

1）分类灌水，抗旱保苗。对有充足灌溉水源的地区，给处于孕穗期、抽穗期的水稻灌深水，突击预防中稻干旱与高温热害的叠加影响。

2）抓好叶面喷肥。进行早晚叶面喷施，增强水稻自身抗逆性，减轻热害，提高结实率和千粒重。

3）对因高温干旱造成的死苗绝收田块，要当机立断，及时抢种、改种、补种生育期短的粮食作物或蔬菜，以争取高产。

4）加强早稻后期田间管理，对处于灌浆期的稻田应采用灌溉、喷水、喷雾等方式减轻高温对产量造成的不利影响，而成熟稻田应抓住晴好天气及时收晒，确保颗粒归仓；一季稻区要适时晒田控蘖，提高有效分蘖数；晚稻区要采取以水调温等措施，减轻高温对晚稻秧苗的不利影响。

5）在未来推广双季稻的情况下，长江流域和华南地区的各省份将单双季为主的水稻种植模式调整为以双季水稻种植为主的水稻种植模式，增加双季稻种植面积，因此其水稻播种面积将会增加，从而使得水稻产量提高，尤其是中南地区水稻产量增加较多（表 6-3）。因此未来在南方省区推广双季稻能够在一定程度上增加水稻产量，从而对提高全国粮食产量有着积极作用[8]。

表6-3　推广双季稻情景方案下粮食种植布局变化情况 [7]

（单位：%）

地区	水稻产量比重		小麦产量比重		玉米产量比重		粮食产量比重	
	基准	模拟	基准	模拟	基准	模拟	基准	模拟
华北地区	1.0	0.9	20.9	20.3	21.3	21.4	13.1	12.7
东北地区	10.6	10.9	1.3	1.3	37.4	37.0	18.0	17.8
华东地区	37.4	35.5	31.2	31.7	12.4	12.5	26.9	26.5
中南地区	33.9	36.8	26.6	27.0	12.2	11.9	24.3	25.7
西南地区	16.2	15.1	5.0	5.3	10.6	11.0	11.5	11.3
西北地区	0.9	0.9	14.9	14.4	6.0	6.3	6.1	6.0
全国	100	100	100	100	100	100	100	100

极端高温天气对农业的影响越来越大，武汉市菜园、果园及茶园等与人们生活息息相关的农作物生产基地也应确保高温抗旱措施的应用。

1）对蔬菜、玉米、大豆、瓜果、药材、水果等旱地作物，要积极利用秸秆、杂草等进行覆盖、遮阴，降低地表温度，减少土壤水分蒸发，特别是茶苗圃一定要做好遮阳网的覆盖工作。为应对高温干旱，可在茶园行间种植遮阴树，如乌桕、杜英等阔叶树种，改善茶园小气候。并通过茶园铺草与遮阳网遮阴，达到降温的目的。

2）果、茶、桑园，特别是幼茶园，一定要做好松土、培土、覆草、灌溉工作。要采用适时、少量、多次的追肥方法，补充作物养分，增强作物的抗逆性和耐旱力。果园可采取灌溉、树盘覆盖稻草和及时除草等措施，保证晴热高温天气条件下的果树水分供应。

3）抗旱保苗。在蔬菜基地应提倡集中抗旱育秋菜苗。对秋播的秧苗，要及时灌溉。灌溉宜在早上或傍晚进行，做到凉地、凉水、凉时灌。选用抗性强、耐热性好的品种。对耐热性不好的品种，实行备荒救灾物资储备制度，储备可供工厂化育苗棚运作的备荒物资。

4）对损失严重、造成绝收的，要及时清除残株烂叶，防止腐烂引起病害的发生。同时，及时清理园地，抓紧时间抢种，可根据情况种植瓜类、豆类等蔬菜，也可以抢种生育期短的小白菜、油菜等速生叶菜。

5）可定期举办科技培训，发放高温抗旱宣传资料，积极传播科学抗旱的知识，增强农民群众战胜灾害、发展生产的自信心和积极性。针对农业生产的需要，帮助农民掌握高温抗旱技术，提高生产技能。

6）合理布局种植作物的品种。在水源条件较差、取水较远的地方可选择种植耗水量较少、抗旱能力较强的大豆、南瓜、马铃薯、鲜食玉米等。在水源条件较好、地下水位较高、取水方便的地方，可选择种植耗水量较大的黄瓜、白菜类及绿叶菜类蔬菜。

高温与干旱是世界性的农业气象灾害。在国内，宁夏为减轻高温对农业生产的影响，采取了调整农业结构和品种布局，调减高耗水量作物及品种，扩大节水型、耐旱型作物生产，增加作物种群的多样性，建立适水和节水农作制度等方法，实现抗旱减灾。在南部山区和中部干旱区马铃薯种植面积达到 400 万亩，实现了扩大节水型、耐旱型粮食作物的生产。开封市主要通过灌水降温、辅助授粉、根外喷肥、加强田间管理、适时喷药防治病虫害等措施来减轻持续高温对农作物的影响。江南各地则因地制宜开展抗旱技术研究，提高夏季作物的产量和经济效益。合理安排作物品种和播种期；合理调整作物的种植结构并选育耐高温品种；搞好健株栽培，对防御和减缓后期高温伤害都有积极作用。

近 30 年来，东北农作区为了应对高温干旱等极端天气，采用了众多适应性技术手段。近年来干旱是影响东北农作区玉米生产最主要的气象灾害，蓄水保墒的土壤耕作措施在松辽中部地区和松辽西南地区应用最为显著。尽管近年来东北农作区大多数地区的排灌设施均有所发展，但是绝大多数排灌设施均集中于水稻生产，玉米生产中灌溉设施依然较薄弱。由于地膜可以显著提高土壤温度和土壤水分利用效率，因此地膜在温度较低和较干旱的地区应用较多，如北部较冷的兴安岭区、三江平原区和松辽西北区，以及比较干旱的松辽西南区。由于过去 30 年来气候变化背景下植物病虫草害发生的增多，植物保护技术也得到了明显的改善，尤其是在三江平原区和松辽中部地区 [9]。

除了国内的案例，国外的先进高温抗旱经验也值得借鉴。美国农业研究局将减缓持续干旱对农业生产影响的对策作为重要课题，通过推广保护耕作法和耕作轮休制、发展节水型农业、选育抗旱作物和抗旱品种等一系列措施，取得了防御干旱的良好效果。美国、俄罗斯、澳大利亚等国家推广残茬覆盖、少耕免耕技术，配合化学除草剂和先进农机具，取得了良好的效果。澳大利亚、以色列、印度等国半干旱地区将有限降水汇集起来，用于灌溉防旱。美国、俄罗斯、法国、英国、比利时等国家采用物理、化学方法，抑制土壤蒸发和植株蒸腾，研究抗旱节水材料和技术。美国农业部成功研制高吸水树脂——保水剂，已在西部干旱地区玉米带推广。在土面覆盖剂、植物生长调节剂的研究方面，英国、美国和俄罗斯在理论上和剂型上都有所发展[10]。

与此同时，持续的高温旱情也拉响了抗旱物资供给和与千家万户生计攸关的蔬菜供应的警报。在武汉高温大旱、蔬菜等农作物损失惨重的情况下，为确保供应，批发商和蔬菜市场方应积极联系外省种植户，及时供货。针对这一方面，提出了几点具体建议：

1）成立蔬菜保供工作领导小组，负责加强与全国各主要产地的衔接，加大本地蔬菜和基地直销的市场供应量。对运输存在问题的地方给予及时解决，确保调运畅通，满足市场供应。

2）组织经营户参加各种形式的产销对接会，不断扩大合同预约订购范围，保证日均蔬菜供应量。如果旱情进一步加剧，市商务局和物价局还可启动蔬菜供应紧急预案，保证市民的蔬菜供应。

3）完善市场服务功能。以北京新发地农副产品批发市场、山东寿光农产品物流园为参照模式，加快物流配送系统、电子商务系统、电子结算系统、冷链系统、质量可追溯体系的升级改造步伐。

4）发展农产品新型流通业态。可学习借鉴深圳市平价商店"海吉星"模式，探索建立平价农副产品流动售卖车销售网络，建立形成覆盖全市城区的平价商店网络。鼓励大型农产品流通企业建立电子交易平台和拍卖平台，鼓励网上买菜等新型消费模式的发展。

6.3.2 病虫害防治措施

农作物病虫害的发生、活动都要具备一定的温度条件，一般在 $6 \sim 36℃$，而且不同的病虫害都有最佳的发育温度区间。例如，玉米螟的卵孵化温度在 $18 \sim 32℃$，$26℃$时孵化率最高，$25℃$则是最适合的飞翔区。在适合的温度区间内，病虫害发育速度随温度升高而加快，病虫害表现出生命活力，寿命较长，大量繁殖，危害严重[11]，极端高温天气会使农作物病虫害加重。为提高农作物产量，把对农作物的伤害降到最低，应采取有效的防治技术和方法。

根据目前国内外的学术专著和文献，可以看出国外农业生产对于极端高温天气下的病虫害防治主要依靠现代科技的进步和创新。除了采用休耕、免耕、轮作、土壤微生物培肥、农林牧结合等技术以外，还重视品种优选技术、风力与地热发电技术、现代生态工程技术、生物技术、信息技术、遥感技术等高科技的投入，其主要围绕提高土壤肥力、保持水土、减少污染等改善生态环境的目的进行，规模较小并实行多种经营，基本不使用化学肥料、农药、杀虫剂、除草剂等，有效地利用了生物综合防治技术，促进生态农业的发展。尤其是美国、日本、德国等国家都建立了完整的生态农业保障法律制度，还制定了与生态农业保障法律相配套的单行法律、法规，并且政府给予农场、农户较多的资金补贴和技术支持，已基本形成了相关产品的管理体系、市场销售体系和产品价格体系。国外普通采用现代科学技术，如建立病虫害管理数据库、采用高精度病虫害检查预测技术、开发耐病虫害的高抵抗性品种、研究有缓慢效力的肥料等[12]。

不少地区通过提高农作物的抗性来防治病虫害。一是增强作物本身抵抗或忍受有害生物侵害的能力；二是采取抗性育种和改进栽培技术的农业防治措施。各地的生产实践证明，利用抗性品种防治病虫害是最经济而有效的方法。此外，品种的布局与病虫害的发生轻重有着非常密切的关系。例如，在稻区，利用水稻品种的多样性，可有效控制稻瘟病的发生；在抗虫棉种植区，插花种植一定比例的非抗虫棉，对于棉铃虫的发生与防治有着十分重要的作用。

为减少病虫害导致的产量损失，保障作物安全，武汉市可采用强化监测预警和科学防治的方法。对病虫害常发区、易发区、重发区进行重点排查，准确掌握病虫害的发生范围、程度及趋势，加强与气象部门的会商，及时发布趋势预报和防治警报。对已发生病虫害的田块则采取"带药侦察、发现一点、防治一片"的防治策略，并推广使用对路药剂和高效机械。如成都市高温病虫害防治警报的及时发布和药剂的正确使用，有效减少了病虫害带来的损失，达到了很好的防治效果。

在自然状况下，天敌对控制病虫害起到重要作用，如有益生物的利用，稻田养鸭治虫，保护青蛙、益鸟等。由于高温天气不宜施药，所以采用该措施防治农作物病虫害具有明显的优势。武汉市在水果、蔬菜种植过程中即可采用保护自然天敌和农药选择性使用等措施防治病虫害。另外，及时向广大农民发布病虫害防治信息，并普及施药期间的注意事项，也可有效控制病虫害蔓延，如新平县通过保护和利用寄生蜂等天敌的措施，有效减轻了潜叶蛾对柑橘的伤害，使柑橘产量得到了保证；阜康市针对高温天气农业病虫害及时编制《农情快报》，并让技术人员提醒广大农民群众高温天气下应选择在上午 11 时前或下午 6 时后进行病虫害防治工作，严禁中午下田施药，另外要求施药人员穿戴好防护用品，施药期间严禁进食、饮水、吸烟，施药后要用肥皂水及时清洗，防止中毒事件发生。根据报道，利用病原微生物或其代谢产物，如井冈霉素、农用链霉素、BT 生物农药、阿维菌素、病毒制剂等来防治多种害虫的措施已在多个地区成功实施。武汉市可根据自身情况，推广应用病毒制剂等杀灭害虫，以确保病虫害防治的高效无污染。

6.3.3　灌溉技术的改进和推广

在持续高温干旱而导致水资源紧缺的情况下，应尽可能采用农业节水灌溉方式。在我国干旱、半干旱及丘陵地区，已成功地开展了"人工集蓄天然雨水"项目，即利用水窖集蓄暴雨径流作为灌溉的水源，形成了"拦截地表径流发展灌溉"的模式，变浇救命水为浇丰产水，预示着我国干旱地区发展节水灌溉农业出现了新曙光。我国北方地区已建成渠道防渗工程长度约 55 万千米，占渠道总长度的 18%，控制面积 1000 万公顷，根据使用的防渗材料不同可分为土料压实防渗、石料衬砌、混凝土衬砌防渗、塑料薄膜防渗等[13]。

在有条件的地区推广喷灌、滴灌、水肥一体化技术，加强用水管理，实行科学灌溉，改进抗旱措施，推行农业化学抗旱，用抗旱剂和抑制蒸发剂喷施植物和水面以减少蒸腾和蒸发。西南地区是我国重要的粮食产地之一，因此对水资源的需求量非常大，加之近年来高温干旱天气频发，造成该地区旱情严重，影响农业收成。为此，西南地区在农业灌溉方面进行科学规划，推广应用新技术，并提高人们的节水意识。采取的具体措施为：①改传统的连续性放水模式为间歇性放水，推广引水渠防漏技术，减少灌溉途中水资源的浪费。②合理选择灌溉时间，根据农作物水分临界期进行合理的补水。③吸收国外先进经验，如德国收集和利用空中水分进行灌溉的技术。武汉夏季空气湿度相对较大，因此采用收集空中水分进行灌溉的技术可达到较好的节水效果。另外在灌溉抗旱期间，武汉市也可充分利用各类地表水及地下水，并积极发展节水灌溉模式，减少水资源的浪费。

辽宁省现采用节水滴灌的方式，利用塑料管道将水通过直径约 10mm 毛管上的孔口或滴头送到作物根部进行局部灌溉。与大水漫灌相比，滴灌的节水率超过40%，而且每次灌溉保持时间延长了 3 倍。滴灌还能将肥料和营养物质一起灌溉到农田。近几年，高效节水灌溉已经呈现出多元化发展趋势。以滴灌为主的微灌技术已从过去主要用于大棚、果树等小规模的推广应用，逐渐变为应用于大田作物，并开始大规模区域化推广应用，如新疆推广棉花等膜下滴灌技术、东北地区推广玉米膜下滴灌技术、华北井灌区推广管道输水灌溉技术。

国外有一些国家发展了比较成熟的水稻节水灌溉技术。例如，日本的水稻节水灌溉技术主要有强调前期以"露"为主、中后期浅水灌溉结合的原正灌溉法和地膜覆盖旱作等节水技术；印度多采用水稻间歇灌溉技术；埃及则利用缩短水稻生长期的方法达到节水目的 [14]。

以色列在田间灌溉全部采用喷灌、微灌技术的同时，结合调整作物种植结构，实施水肥同步供给，形成了节水、高效、高产的农业节水技术体系。美国、俄罗斯等国家在发展农田节水灌溉技术的同时，还利用耕作措施和覆盖保墒措施调控农田水分状况，充分发挥水、光、热等自然资源在生产中的作用，形成了综合性的农业节水发展模式 [15]。

以色列的国家输水管道工程堪称国际一流，全国除个别偏远山区外，全部实现输水管网化。以色列全国的输水管道连接了大多数地区的供水系统，形成一个平衡的网络系统，可根据需要输水、供水，避免了输水过程中因蒸发和渗漏引起的损失。输水管道不仅用于供水，在冬季和旱季还是以色列北方地区的排水管，使水重新进入地下水层，提高了水的回收和再利用率，加速了以色列引、输、灌水的自动化水平。在美国，低压管道灌溉被认为是节水最有效、投资最节省的一种灌溉技术，美国近一半大型灌区实现了管道化。美国还采用大口径地面可移管道，一般为快速连接铝制管材和塑料软管，通过带有闸管的管道输水，可便于进行波涌灌溉。日本早在20世纪80年代就有一半以上的新建渠系实现了管道化 [15]。旧灌区改造中发展管道输水技术也受到一些国家的重视，如加拿大伯塔灌区，灌溉水利用率由改造前的35%～60%提高到75%；澳大利亚的伦马克灌区，改建地下管道后节约灌溉用水33%。

6.3.4 气象监测预报系统

增强气候意识，加强气候研究与预测工作，建立和完善气象监测预警系统，以提高农业生产应对气候变化的能力。积极开展气候工作，其关键的问题是要加强对气候变化规律的研究。一方面，要完善气象综合监测预警体系，加强对农业灾害性天气中长期预报、预警能力，提高预报的准确性和及时性；另一方面，要加强人工影响天气的能力和应急反应能力建设，以便农业生产者提前做好防范工作。面对我国日益频发的气象灾害，必须充分认识到气象监测预警的重要性，以气象早期预警系统为核心，利用3S（RS、GIS和GPS）等高新技术对未来的气象进行监测、评估和预警，做好防灾减灾工作。

江苏省在水土保持方面使用3S技术与计算机技术实时监测灾害的发生发展，先后增建了7个地面监测点，获得大量的数据，为形成灾害立体监测提供保障。上海农业气象灾害监测警示系统以实时气象数据监测为基础，结合未来天气预报，根据农业气象灾害指标进行评判分析。通过 Web/GIS 平台展示农业气象灾害预测的分布，并借助互联网提供给各类用户。

福建省气象台在 Windows 操作系统上，以全球地理信息系统（GIS）为基本模式，按照省级气候监测业务和气象灾害预警的工作流程及实现目标要求，开发研制了新一代福建省气候监测与灾害预警系统（QHJCS），它具有很强的可视化平台和业务实用功能，其技术创新点是采用 GIS 新技术和建立多源数据的空间信息库及空间数学模型，高效实用 [16]（图 6-4）。

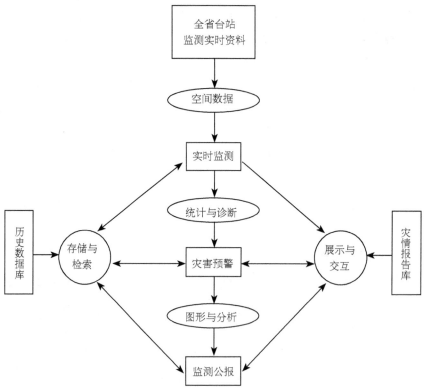

图 6-4　QHJCS 系统业务工作流程 [16]

　　浙江省农业气象灾害监测系统主要是由实时数据网上传输、实时数据转译、实时数据查询、实时灾害检索、实时灾害查询、历史灾害查询、监测报告输出和报表打印等模块组成。上海采用 ActiveX 控件和浏览器／服务器技术，建立了基于 ActiveX 的地理信息系统平台，充分利用 GIS 系统功能，提供可视化检索查询、比较、动态追踪等功能[17]。

　　武汉市可建立城市圈气象预警系统，加强对灾害性天气的预报，更好地做到防灾减灾。如重庆市建成由 1 个市级和 38 个区县级预警信息发布中心，1328 个部门和镇街（乡）工作站及 21.6 万名防灾应急处置人员组成的预警联动工作网络，基本实现了预警信息发布机构区县全覆盖。此外，重庆天气网正式开通，社会公众可以更加快速、全面地了解气象信息，更好地为公众提供各方面的气象服务。在该网站中，市民可以查询全市各个地区精确到每一小时的温度、降雨、风速、湿度、气压等数据，同时，能见度、卫星和雷达数据也可以查询。武汉也可以将重庆市天气网作为参照模式，更加快速、准确地把握高温情况。根据对未来气候的监测预警，让决策者能及时指导农民调整生产结构。即在适宜的时间和地点种植最适宜的作物，有效防止气象灾害带来的损失。同时，决策者也能够在气象灾害发生之前制定风险预案和减灾措施，有效降低气象灾害带来的损失，提高农业生产应对气候变化的能力。

6.3.5　动物、家畜的防治措施

　　家禽是恒温动物，没有汗腺，只有靠呼吸来维持正常体温。当外界温度超过 27℃时，机体难以维持正常体温，各项生理功能开始紊乱，机体会产生非特异性的防御应答生理反应，这种反应就是应激。夏季持续高温造成的热应激会通过改变动物的生理生化反应，降低动物的采食量、日增重和饲料利用率，使动物的血液生化指标（激素、血糖、酶、矿物质等）发生改变。高温还会影响动物的呼吸系统、消化系统、内分泌系统及免疫系统等。此外，动物粪便、秸秆的堆放等在高温天气下会使得各种病原体极易滋生，病菌会在空气中到处扩散，容易引起人畜疫病流行。因此必须做好动物防疫、秸秆处理和畜禽饲养管理工作。

　　1）应做好高致病性禽流感、猪瘟、新城疫等的强制免疫工作，做好宣传培训和部署。防疫员穿防护衣、鞋，一畜（禽）一针头，注射剂量要准确，不健康的畜禽不能免疫。同时还应加强饲养管理与卫生消毒，提高畜禽的非特异性免疫，防止免疫失败。

2）养殖场应做好配合工作，加强饲养管理与卫生消毒。注意通风换气，养殖场、畜禽栏舍、食槽等要定期打扫、消毒、驱虫、灭蚊蝇及除鼠。应关注周边疫情动态，重点抓好重大动物疫病的综合防控。当发生传染病或疑似传染病时，应立即隔离，对病死畜禽尸体要深埋或焚烧，并按疫病等级进行分类处置。

3）从中午到下午5时左右可用高压低雾喷雾器向家畜养殖场直接喷洒凉水，降低舍温。有条件的可安装喷雾降温系统，但在湿度过大的闷热天气时不宜使用喷水降温。

4）在鸡舍及猪、牛、羊饲养基地周围可以植树种草，尽量以完善的绿化覆盖减少太阳的热辐射。

5）在特别高热期间或一天中最热的时候（通常为11：00—16：00），可在饲料或饮水中添加碳酸氢钠、碳酸氢钾、氯化钾等补充电解质，也可在饲料中适当添加维生素，以提高动物抗热能力。

6）农业生产中产生的秸秆等废弃物，要特别注意高温天气下自燃现象的发生。秸秆在堆垛时，要特别注意通风干燥，可适当设置通风道，堆垛前将秸秆尽量晾干，含水控制在15%以下。秸秆是宝贵的可再生资源，应提高秸秆的资源化利用率，推广应用秸秆资源化利用技术，减少秸秆的随意丢弃和长期堆放现象发生。

从建筑设计与结构选型的角度考虑，奶牛场、养鸡场等在建筑方面也需要考虑到通风降温等因素。以黄冈市一奶牛场为例，根据黄冈市夏季炎热且持续时间长、奶牛养殖受高温影响较大、奶牛热应激问题严重的情况，对于成年奶牛宜采用敞开式牛舍。在设计的过程中，要根据当地高温高湿的气候条件、牛舍的施工工期、现场施工条件和牛舍使用条件等具体实际情况，分析半敞开型建筑结构的选型，并合理筛选、组合相关配件。用钢筋混凝土门式刚架做承重柱，同时，为了隔热，降低高温对牛舍的影响，建造双层屋面：上层屋面的材料可用镀锌瓦楞铁铁皮，下层屋面为倒T形屋面板，材料可用钢筋混凝土，它的肋还可以做檩条。犊牛对寒冷的抵抗能力不强，对温度的要求较高，故产房宜做封闭式设计，窗户要足够大，以便通风透气。冬季则可在牛舍安装火墙和火炉，用于取暖。

在设计牛舍和运动场时，应使它们均高于周围道路450mm以上，这样不仅能营造一个干燥的环境，而且还能增大污水排放管道的坡度，使管道不易淤堵，提高牛舍和运动场通风和降温减湿的能力。运动场和牛舍的四周要加设绿化带、排水沟，还要形成独立的防疫区。非下雨天时，应尽可能保持排水沟的干燥，因为积水往往会滋生蚊蝇，增加奶牛群的发病概率。室外排污最好用明沟，明沟上盖混凝土盖板，这样不仅方便检查维修，还利于清除污物。必须要用暗沟管道时，则务必要对施工质量严格把关，质量不过关就会给后续的检查维修等带来诸多不便，而供电线路和给水管等可以埋在地下。这些设计对于高温高湿且雨量又充沛的黄冈地区来说都显得非常重要，合理的设计是建设好牛场的开始[18]。

参考文献

[1]   张静远. 我市与省气象局签署《合作协议》[N]. 咸阳日报，2015.

[2]   陶亚. 复杂条件下突发水污染事故应急模拟研究 [D]. 北京：中央民族大学，2013.

[3]   左俊芳，宋延冬，王晶. 新型碟管式渗透移动应急供水设备 [J]. 现代化工，2011，31（s1）：397-400.

[4]   李新艳. 城市高温灾害分析及预防对策 [J]. 宁夏师范学院学报，2004，25（6）：79-84.

[5]   马占云，冯鹏，高庆先. 华北地区能源及交通行业对极端天气的敏感性分析 [J]. 环境科学研究，2015，28（4）：495-502.

[6]   吴玉成，高辉. 新中国重大干旱灾害抗灾纪实 [J]. 中国防汛抗旱，2009（a01）：39-65.

[7]   李树岩，刘荣花，成林，等. 河南省农业综合抗旱能力分析与区划 [J]. 生态学杂志，2009，28（8）：1555-1560.

[8]   周文魁. 气候变化对中国粮食生产的影响及应对策略 [D]. 南京：南京农业大学，2012.

[9]   尹小刚. 气候变化背景下东北玉米生产的干旱风险与适应对策 [D]. 北京：中国农业大学，2015.

[10]   李玉中，程延年. 我国北方抗旱技术研究展望 [J]. 中国农业气象，2003，24（1）：19-21.

[11]   倪秀国. 气象因子对农作物病虫害发生的影响 [J]. 吉林农业，2016（16）：85.

[12]   张晓. 生物综合防治法制研究 [D]. 济南：山东师范大学，2011.

[13]   吴文荣. 国内节水灌溉技术的应用现状及发展策略 [J]. 河北北方学院学报（自然科学版），2007，23（4）：38-41.

[14]   彭世彰，丁加丽. 国内外节水灌溉技术比较与认识 [J]. 水利水电科技进展，2004，24（4）：49-52.

[15]   苏荟. 新疆农业高效节水灌溉技术选择研究 [D]. 石河子：石河子大学，2013.

[16]   杨林. 基于 GIS 的福建省气候监测与灾害预警系统 [J]. 气象科技，2005，33（5）：474-477.

[17]   王春乙，王石立，霍治国，等. 近 10 年来中国主要农业气象灾害监测预警与评估技术研究进展 [J]. 气象学报，2005，63（5）：659-671.

[18]   李宁，朱明志. 黄冈市奶牛场的规划与设计 [J]. 中国奶牛，2013（10）：53-55.

第七章　应对极端高温事件的城市生命线工程策略

城市生命线系统是指公众日常生活中必不可少的支持体系，是保证城市生活正常运转的重要基础设施，是维系城市功能的基础性工程。城市生命线系统抵御灾害破坏的能力直接决定着一个城市能否保持其正常功能。在该庞大的复杂系统中可以分出若干个子系统，如交通运输系统、能源动力系统（电力、天然气等）、通信系统、生活供应系统（供水、医疗）等。

当前，随着我国城市化步伐的不断加快，城市规模急剧扩大，人口、财富、各类基础设施等进一步向城市集中，城市发展对生命线系统的依赖程度也越来越高。就我国城市发展及其安全防灾减灾现状而言，多数城市的基础设施缺乏自我保障能力，城市生命线系统不完善，带来的城市安全隐患大为增多，灾害后果产生的损失也逐渐增大，因此城市生命线系统的安全性日渐突出。目前在应对极端高温天气时，我国城市生命线系统的主要问题表现在两方面：基础设施的不完善性所导致的应急能力不足；城市建设中生命线设施布局的不合理性。

7.1　城市生命线系统应对高温天气的措施

城市生命线系统具有公共性高、涉及面广、相互关联性强等特点，在面对高温天气等气象灾害时，受灾不是局部而是整个系统的破坏，各个子系统基础设施建设和应急措施的制定关系到整个生命线系统的安全运行，相关部门应对高温天气的政策和预防措施的实施是城市生活正常进行的重要保障。

7.1.1　交通运输系统应对高温天气的措施

城市交通顺畅是保证人们日常生活工作的前提之一。夏季极端高温现象的出现不仅会造成路面损坏风险的增加，还会显著增加交通工具的损坏率，所以应采取适当措施予以改善。

（1）确保交通工程安全施工。合理调整交通建设一线职工工作时间，避开高温作业时段，尽量不安排长时间露天工作。同时，在作业场所、休息室等场所配备防暑降温用品，室外作业现场提供避暑空间，准备充足的清凉饮料等。加强对施工企业的安全监管，指导工程一线人员通过调整作息时间等方式，在抢抓工程进度和质量的同时避免高温时段作业。施工企业应给高温施工人员发放个人防护用品：给高温作业工人发放透气、导热系数较小的浅色工作服、毛巾、防护手套等，工作服宜宽松，以保证通风良好。

高温事故管理是通过研究事故的现象、原因、发生的规律和预防的对策，从而达到减少或者杜绝事故发生。例如，重庆施工企业除了按照行业规范外，还加强了在高温事故分析、评价、预测及预防方面的实施力度，并提高其管理水平。

由书末彩图 7-1 可知，仅 30% 多的施工企业按照《重庆市高温天气劳动保护办法》的规定安排劳动者工作时间低于 6 小时，而 47% 的施工企业的高温工作时间则超出了规定，23% 的施工企业安排劳动者工作时间大于 7 小时，甚至还有存在超过 8 小时的，都属于违规操作。由图 7-2 可知，企业施工人员的休息时间基本能得到保证，但还是有部分施工企业会提前到下午 3 时进行施工作业。

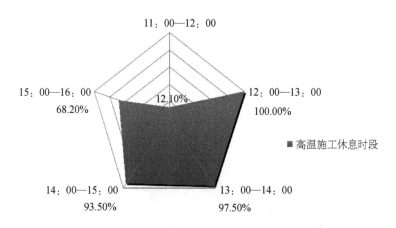

图 7-2　重庆高温下施工休息时间比例 [1]

在高温下施工作业，作业人员的防护用品也十分重要。防护用品是防止伤亡事故和预防职业病的辅助措施，在一定条件下，集体防护措施不能奏效时，它则是主要的防护手段，起着决定作用。

由图 7-3 可知，总的来看，重庆施工企业所采取的环境改善措施还不够完善。

对于重庆施工企业在工地生活设施与福利方面，应在条件允许的情况下提供舒适的休息室并配以空调等降温设施，以保障施工人员良好的休息环境，这也有利于工作效率的提高。

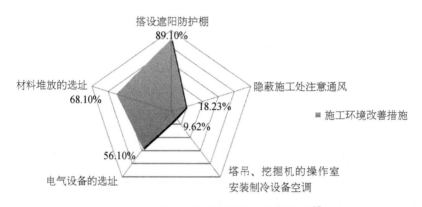

图 7-3　重庆高温施工环境改善措施现状[1]

重庆施工企业在高温施工、生活设施与福利及高温安全检查方面总体水平较高。然而，在应急救援、高温事故管理、高温作业人员管理方面存在诸多不足和问题：一方面，应急救援计划不够完整全面，应急救援保障的现状处于人力、物力不平衡阶段，对应急救援培训与演练的重视程度很低；另一方面，高温事故管理涉及不够全面，只停留在遵守法律法规的基础上，没有持续改进的意识。

针对这些存在的问题，重庆施工企业应予以重视，且从以下两方面着手解决：一方面，重视应急救援行动和善后工作计划的制订，以及急救援培训与演练，特别要重视应急救援人力资源的保障，加强应急管理机构的设置、应急管理人员与应急医疗队伍的配备；另一方面，加强高温事故在分析、评价、预测及预防方面的实施力度并提高其管理水平[1]。

（2）加强道路隐患排查与养护。及时组织安保、养护、路政等部门对全市公路开展安全隐患排查，确保市民安全出行。针对持续出现的高温天气，建筑部门一方面要开发和使用新型的耐热铺路材料，另一方面要加强对沥青路面的养护，如灌缝、喷雾封层、稀浆封层、微表处、热沥青混合料罩面等，有助于路面较好地应对夏季高温天气。铁路部门在铁路建设中更多地使用无缝铁路线，高温天气下列车应适当减速运行并减少班次。航空部门要注意机场跑道的降温和养护工作。

（3）做好交通运输工具（机动车辆、船舶、客机等）检测维护工作。结合运输安全生产隐患治理专项行动，严把车辆、船舶、客机等的检测关卡，认真开展安全检查。对于机动车辆，除坚持正常的运输车辆出入检验登记制度外，重点对运输车辆制动、转向、轮胎、油电路进行检查，以保证高温天气下车辆营运正常、安全行驶。对于水运，加大船舶技术性能、消防、救生、通信等设备的检查力度，确保船舶处于安全适航状态。对于空运，除加强设备监测工作外，对机场跑道进行洒水降温及其他养护工作。

（4）确保公共交通安全运营。道路运输方面，交通部门根据交通事故的统计情况，在事故多发路段采取措施。在极端高温情况下，可在路边信息公告牌提示控制车速，根据情况及时采取限速、分流、发放告知卡、采用交通广播通告紧急道路状况等措施，可有效避免高温天气导致的道路交通事故的发生。铁路部门可适当减少列车的班次及降低列车速度。航运部门加强重点水域的安全检查，坚决打击"三无"船舶等违章行为，督促各船舶业主进一步落实安全生产责任制，加强旅游船只安全管理，确保水上交通安全。航空部门应规定客机在高温环境下起飞与降落适当减速，防止速度较快引起的自燃现象等情况。

（5）加强危险品运输车辆、船舶监管。积极向企业、船民宣传危险品货物运输相关法律法规及高温天气货物运输注意事项，开展危险品货物码头专项检查，加强对水上加油站（船）的监管。

（6）保证检测信息和统计资料等及时通畅。为了减少高温天气对人们出行带来的影响，必须准确及时地掌握气候变化信息。采用科学的方法，对检测到的相关信息进行分析，及时向管理者和使用者发布信息，为采取相应的防范措施提供有效的依据。根据检测信息和统计资料，建立交通安全天气指数，并定时向社会发布。

（7）确保发挥 GPS 监控平台的作用。指定专人值班监控，及时提醒驾驶员在车辆运行途中注意恶劣天气引发的路况变化，确保行车安全。教育驾驶员合理调节作息时间，保证充足睡眠，杜绝长途疲劳驾驶。拨付长途客运防暑降温专项资金，为一线驾驶员提供更加舒适的休息环境。

7.1.2 能源动力系统应对高温天气的措施

（1）供电系统应对高温天气的措施

电力已经成为各行各业必不可少的能源，只有提供持续稳定的电力供应，城市才能快速有序的发展。由于夏季极端高温天气会对城市电力供应造成影响，故在结合国内部分省市应对夏季高温电力供应不足的措施的基础上，提出一些能改善武汉市电力供应的气候适应性的措施，具体如下：

1）与气象部门合作，预测电力负荷。气象部门能为电网公司提供短期的气候变化情况，电网公司结合历史高温时期用电负荷数据、现阶段影响负荷的不确定因素等建立武汉市电力负荷短期预测模型，对工业、交通、农业、生活及其他用电负荷进行预测，以便在应对高温天气时对电力进行适当调度。

2）改善电网受电能力，增加外购电量。通过潮流优化改善电网的受电能力是增加外购电力的基础，一定的外购电量是应对夏季极端高温天气的有效措施。结合电力负荷短期预测模型，考虑周边地区电力生产及供应情况，提前签订购电协议，以便应对高温天气带来的用电紧张。例如，重庆市为应对高温天气，通过与四川省、贵州省等电网公司签订购电协议，加大外购电量；国网上海公司使外购电力占到了全市供电的1/3；国网浙江省电力公司同样签署了相关协议增加了外购电量。

3）政府政策和经济手段保障居民用电。在高温季节，政府可适当运用经济杠杆，让一些大能耗的企业实行"错峰填谷"，并对其采取适当的优惠政策，还可用调价来刺激工业企业让电，在不同时段实行不同的收费标准，为了保证居民生活用电，必要时政府要强制工业企业停产轮休。

4）加快电源建设进度，缓减用电矛盾。加快电源建设是缓减电量短缺的有效途径之一。面对武汉市历年来高温天气电力负荷骤增的情况，除外购电力外，增加武汉市电源量，能够从根本上减缓用电矛盾。国内部分省市也通过新建电源减缓用电紧张局面，如石家庄市为应对高温天气增加了多个变电站，重庆市新建了两座220kV变电站，长沙市进行了变电站扩建工程等。因此，武汉市同样可以通过新建变电站或者进行变电站扩建工程，保证高温天气供电稳定。

5）完善电网设备检测技术，提高配电网可靠性。完善的电网设备检测技术、可靠的配电网运行是实现电网安全输送的前提。国内部分城市为应对夏季高温，完善了上述措施。其中，重庆市通过着力打造电网设备状态检测、六氟化硫设备状态检测和电网设备质量检测3个移动平台，保障了电网的安全运行。国网上海公司则打造了配电网可靠性提升工程，降低了电网故障率。所以，为更好地应对夏季极端高温气候的影响，武汉市也应完善市内的电网设备检测技术，提高配电网的可靠性。

6）建设抢修指挥中心，提高抢修效率。出现电力事故情况时，如何进行快速抢修是至关重要的一环。建立抢修指挥中心能有效提高抢修效率，减少抢修时间，尽早恢复居民供电，缓减电力供应矛盾。夏季极端高温气候下往往较为容易发生电力事故，因此，建设抢修中心很有必要。同时，为更好地恢复供电，可以一定程度上增加巡视人员和巡视车辆的数量，可以开通全天的服务热线，完善电力服务体系。

夏季高温期间居民生活用电量随气温变化的骤升骤减现象在我国具有普遍性。例如，1998 年 7 月以来，长江中下游地区普通出现持续 35℃以上的高温天气，上海、南京、杭州、南昌、武汉等地日最高气温普遍达 36 ～ 38℃，致使居民生活用电量急剧增加。杭州 7 月 2—16 日持续半个月高温，市民用电量剧增，使杭州电网负荷屡次创下历史最高纪录，停电及低电压现象频繁出现。

图 7-4 为武汉市 1994 年 7 月 1 日至 8 月 15 日逐日气温和逐日用电量的变化曲线，可以看出两者之间的关系极为密切。

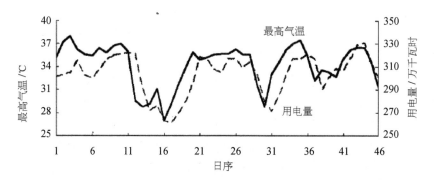

图 7-4　武汉市 1994 年 7 月 1 日—8 月 15 日用电量和最高气温演变 [2]

针对夏季高温期间电网暴露出来的诸多问题，为了从根本上改变城市电网脆弱的局面，电力部门在电网建设上提出了把注意力更多地放到城网改造上 [2]。

（2）供气系统应对高温天气的措施

城市天然气管网作为一项重要的基础设施，在经济发展、提高人民生活水平方面作用显著。但不断发生的燃气管道泄漏爆炸事故给人民生命财产造成了巨大的损失,因此,如何确保管道的安全运行变得日益重要,可采取如下措施进行应对:

1）加强管道巡检，进行及时修复。夏季是施工高峰期，天然气管道被挖断是常发生的事故。所以需要加强巡线工作，及时对管道进行修复，尽量减少对城市供气的影响。由于武汉市也铺设有大量输气管线，所以武汉市应该增加巡线人员，加强巡线强度，一旦发现管道周边有单位施工，巡线人员应现场发出书面通知提醒，以减少因施工而造成的燃气管道破坏。此外，武汉市还可以采取开设24小时举报电话、组建专业应急抢险队伍全天候待命等措施来应对极端高温天气可能带来的问题。

例如，2008年，四川省天然气管道金沙线被挖掘机挖伤近300mm，导致天然气泄漏。经过26小时的紧急处置，该条管线于次日上午恢复生产。事故的直接原因是施工单位更改管道位置，管道施工未告之相关管道管理部门，也未采取相应的管道保护措施，导致金沙线被挖掘机挖伤，产生天然气泄漏。间接原因是总承包商、监理公司现场监督管理不到位，现场技术交底不清楚，管线探管不准确，工程发包方对施工单位的安全教育、安全告知不到位，特别是未对挖掘机手进行安全告知[3]。

2）排查供气企业，保障供气安全。夏季极端高温的出现增加了安全隐患，而天然气更是属于易燃气体，因此武汉市应对燃气行业定期进行安全排查。其中排查对象为：各企业拥有的罐场、气化站、加气站及供应站等设施；排查方式为：可由市安委会成立燃气安全专项督导组对企业进行专项督导，指导企业开展专项整治工作；排查内容为：主要排查是否存在漏气等即发性隐患、设备老化或腐蚀等结构性隐患、占压或安全距离不足等问题。

美国是世界上天然气管道最多的国家，估计管道总里程在50万千米以上，比全世界其他国家天然气管道里程总和还多。美国历史上发生过数起油气管道的严重事故。例如，1999年，华盛顿发生的汽油管道爆炸造成3人死亡，财产损失达4500万美元；2000年，新墨西哥州发生天然气管道爆炸事故，造成12人死亡。这些事故促使美国政府进行了认真反思，及时组织力量对有关管道安全的法律规章进行审查修订，提高了安全标准和要求，大大降低了管道事故率[4]。

美国建立了全国统一的管道信息系统，并且向民众开放。其他建设项目的施工作业者可以通过国家管道信息系统查阅到施工区域油气管道的基本信息，从而避免因管道信息不透明的情况下施工作业造成第三方破坏。

3）开展入户巡检，掌握安全现状。极端高温天气的出现一定程度上增加了用户端的用气安全风险，因此开展入户巡检、保证用户用气安全就显得极为重要。为此，武汉市需针对各小区用户，尤其是老旧小区用户进行巡查专项行动。为更好地应对夏季高温，市燃气集团应调整人员，增加力量，切实认真完成任务，主要包括排查钢瓶是否漏气、胶管有无老化等方面内容，提升用户的用气安全性。

4）拓展宣传形式，增强安全意识。增加市民的安全用气知识是实现夏季安全用气的关键之一。武汉市应在各区举办燃气安全主题宣讲活动，通过电视、电台、报纸等形式宣传燃气安全知识，增强市民安全意识，减少安全事故的发生。

5）进行应急演练，提高员工素质。事故往往发生得较为突然，因此武汉市有必要进行应急演练和相关培训，强化抢修技能，节约抢修时间，实现有效保障城市供气的目的。同时，对于加气站等地的工作人员应提高其安全意识，加强管理，降低事故发生率。例如，加气站员工有义务要求车主在加气期间不要待在车内，员工不允许加气站周边有人使用手机等通信设备等。

6）应对高温天气，保障人身安全。由于夏季极端高温气候下，抢修过程中可能出现中暑现象，所以应贯彻以人为本的方针，保障一线员工的人身安全。因此在管线抢修期间，有关部门有必要为抢修人员搭建遮阳棚，提供必要的防暑降温用品，包括毛巾、水及降暑药品等。

7.1.3　通信系统应对高温天气的措施

保证通信工程的畅通，是保障民生的重要方面。由于夏季极端高温气候会影响通信工程的正常运作，因此，采取适当措施确保市民正常通信很有必要。

1）进行设备维护，保障设备运行。进行设备维护能有效降低设备在极端高温天气下的故障率，保障设备正常运行。维护主要分为两方面：维护降温设备运行，保证机房温度稳定；对蓄电池、油机等设备进行运行维护。

在维护降温设备运行，保证机房温度方面，武汉市可提前与维修经验丰富的空调维护单位签机房空调维修合同，对核心机楼、传输机房、一体化基站等重要站点的空调进行全面彻底检查和保养，针对使用年限较长和热负荷较大的空调进行系统的检测，增加冲洗室外机、过滤网的频次，保障空调散热效果良好；此外，安排专业人员对机房进行巡视，并合理调整机柜、柜内设备等安装位置，降低机房出现的高温风险。

在蓄电池、油机等设备维护方面，主要包括以下内容：进行蓄电池维护，即在合理进行蓄电池充放电的基础上，定期检查蓄电池组工作参数、电池组容量、电解液状态、蓄电池外观是否变形和发热等情况；进行油机维护，主要包括定期清洗储油容器，定期补加润滑油，定期检查各部件的完好情况等。

2）更换老旧设备，实现通信顺畅。老旧基站设备不但影响正常通信，还存在安全隐患。因此，为应对高温，武汉市应对各通信基站的老旧设备进行更换，保障通信顺畅。面对极端高温威胁，武汉市有关部门可紧急采购一批移动油机，并梳理流程，加强各分公司之间油机的调拨工作。此外，可制订蓄电池改造计划，对重要基站性能较差的蓄电池进行紧急更换。

3）加强站点监控，及时处理故障。加大监控力度有助于更好、更快地进行设备故障处理。为避免极端高温气候下的通信故障，武汉市可实行站点温度高低分级，明确各级高温警告处理时限，尽量缩短故障处理时间，同时，可加大对站点高温告警的监控力度，降低动力环境监控平台的高温告警触发门限值，提升对高温告警的敏感度。此外，应进行监控扩容工程建设，加强监控值班和指挥调度工作等，以便更好地应对故障问题。

通信设备故障监控系统及其扩容工程意义重大。通信设备故障监控系统放置于 24 小时专人值班的地方，如果通信设备发生故障，那么监控系统的报警铃会响起，监控显示器会监视到对应设备的告警，值班人员可准确、及时找到告警的设备并进行相应的处理，保证了通信通道的正常运行 [5]。

其中通信设备故障监控系统的安装原理如图 7-5 所示。

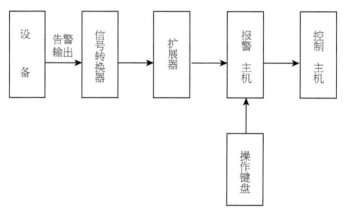

图 7-5　通信设备故障监控系统安装原理 [5]

4）召开专题会议，制定保障方案。有效的供电保障方案能较好地应对高温大面积停电情况的通信故障。因此，武汉市电信部门为保障广大用户夏季极端高温天气下的通信通畅，应召开应对大面积停电通信保障工作专题会议，对相关工作进行部署，并针对核心局房，重要传输站点，数固机房，VIP 基站，A 类、B 类、C 类基站等制定详细的供电保障方案。

5）加强人员培训，提升应急能力。加强工作人员对极端高温天气下可能出现的各类故障的处理能力，有助于缩短事故处理时间，更好地维护通信顺畅。因此，武汉市通信部门应对维护人员进行空调参数设置和维护方法的讲解，特别针对夏季高温天气常见故障的处理方法开展培训交流活动，并在现场进行参数设置、空调冲洗等操作。

6）合理应对高温，坚持以人为本。在极端高温天气下作业的维修人员可能会出现中暑等现象，应及时做好相应防护工作。武汉市相关通信部门应组织各级领导深入一线，慰问员工，为员工送去各种防暑降温用品包，如水、毛巾、降暑药品等，同时要切实加强劳动保护工作，合理调整员工作息时间，改善员工生活条件，做到以人为本。

7.1.4 国内外通信系统的应急措施案例

（1）日本案例

日本作为夏季高温天气的代表，已建立了完善的灾害应对保障体系，涉及国家立法、行政机制，运营商参与等多层次[6]。在运营商参与层面，日本运营商为防止高温灾害发生后的通信中断，在建设传输设施时均设有备份，网络各重要中心节点分散布置，以防被集中损毁，并且利用新技术加强应急通信服务，包括在移动通信应急车辆中增添卫星链路，建立通信指挥机构应对高温天气等措施。

在高温灾害发生通信中断后，除采取控制部分话务量的措施外，日本运营商还设定"安全留言拨号"服务，这一举措不仅保障了紧急通信，也有效降低了网络负荷。

此外，近两年内，日本境内针对应急通信出现了"运营商配合"的应急机制，即不同运营商在灾害发生后可互用光纤资源，这种模式仅在日本采用。

（2）美国案例

在美国，从"9·11 恐怖袭击事件"，到 2003 年大停电，再到"卡特里娜"飓风事件，短短四五年里，美国通信系统就经历了 3 次严峻的考验，通信系统出现部分瘫痪和拥塞，所以，美国运营商采取了一系列措施，保证通信网络安全[6]，其中包括以下几个方面：

网络加固：利用卫星和微波等无线通信基础设施的备份，组成混合通信系统，提高救灾通信的可靠性，强化和扩容交换机，扩大 EV-DO 网络的覆盖。

设备加固：采用固定天线、橡胶把手及其他耐用部件制造的坚固设备以抵挡恶劣的工作环境。

增加备电：核心设备配备冗余备份电源，关键的无线站点和网络设备装配永久发电机，部署配有备用电源的机房。

测试信号：专门派遣一支测试队伍，遍布佛罗里达全州对网络覆盖及信号质量进行测试。

制订全面的应急响应计划：包括筹备遍及佛罗里达州的应急指挥中心，实时关注通信设备监控系统，并在发现问题时有针对地快速解决。

（3）四川案例

四川通信系统应急机制对现有网络采用诸如备份和冗余、网络瘦身及软扩容、网外呼入限制等现有技术，同时逐步实施优先级控制技术，增加网络业务健壮性[6]。同时在原有网络基础上，新建一个物理叠加薄网，用于紧急情况下的应急通信。通过微波、基站、多路传输、备用发电机等设施，实现高温天气时用户通信的分级管理和保障，确保可以获得必要的信息和通信可能性。

四川通信系统应对高温天气的措施很好地保障了居民紧急、必要的通信畅通，为在高温天气下其他省市通信系统的应急措施提供了借鉴。

7.1.5　生活供应系统应对高温天气的措施

（1）供水系统应对高温天气的措施

炎热高温是夏季最为突出的特征，城市用水量较其他季节都大为增加。一旦出现极端高温气候，城市供水将会更为紧张，因此有必要采取一定的措施提升城市供水的气候适应性。

1）科学调配水量，保障用水稳定

合理调水能有效缓解城市供水紧张的现状，因此，为应对可能出现的夏季极端高温现象，缓解水量短缺情况，武汉市可制定夏季供水压力调度方案，合理组织各水厂水泵开启时间，调整供水服务压力，缓减供水管网压力。此外，还可以通过增加备用水源提高武汉市供水的气候适应性。

2）加强管网巡查，及时抢修事故

加强对供水管网的巡查并及时抢修事故是保证供水的重要措施。为保障夏季高温供水，武汉市应安排抢修人员并保证维修车辆设备 24 小时待命，发生突发性管道爆裂停水，抢修人员立即赶到现场，迅速关闭阀门止水，组织抢修，快速恢复供水。此外，面对管线破损，还可通过铺设临时管，进行地下管线施工的方法，优先保障市民夏季高温期间的用水需求。

3）优化设备管理，降低设备故障

优化设备管理是应对突发事件的有效措施之一。因此，武汉市可以联合各供水企业，提前对所属水厂的水泵、电气设备、供电线路等进行检修，保障供水机电设备、供电设备线路、水泵机组等安全运行，实现水厂在极端高温天气下的正常供水，减缓用水压力。

4）增加供水量，确保用户用水

增加供水量是减缓用水压力的途径之一。武汉市自来水公司不但可以通过加开机泵运行台数减缓极端高温天气的用水压力，还可以通过临时改变综合利用工程运行方式、挖掘水库死库容、适当超采地下水及新建水源等措施增加供水量，缓减夏季高温出现的缺水状况。

5）进行水质监测，实现安全用水

良好的水质是安全用水的重要前提。加强水质检测，能保障用户用水的安全性。因此，武汉市自来水公司应提高对水源、出厂水、末梢水水质的检测频率，加大水质检测力度，同时积极配合相关部门做好水质监督检测工作，确保供水水质安全。

6）成立领导小组，明确权责分工

成立专门的领导小组有助于提高应对突发事件的能力，缩短解决问题的时间。因此，武汉市供水部门可以成立夏季高温保供工作领导小组，在要求成员手机24小时开机的基础上，对成员进行明确分工，并规范辖区内自来水厂、营业所、管线所、稽查科、检测中心、供排水调度中心等单位在夏季保供中的权责，提高应对极端高温供水紧张的能力。

7）适当实行限水，改善用水紧张

为应对夏季极端高温带来的缺水情况，武汉市可制定高温供水预案，按照保证重点、适当压缩的原则对各部门进行限水，主要包括：城镇生活根据其最低需水要求，实行限量供水；高耗水行业或对社会经济影响较小的工矿企业，实行限产或停产；压缩灌溉需水量，调整农业结构形式，提高节水型农业科技含量等。

8）加强节水宣传，提高节水意识

节约用水，不仅可以减少无效需求，减轻供水压力，而且直接关系到人民的生活、社会的稳定和城市的可持续发展。因此，一定要进一步提高全社会对城市节约用水重要性和紧迫性的认识，切实做好城市节约用水工作，以水资源的可持续利用，支持和保障城市经济社会的可持续发展[7]。

加强节水宣传，增强节水意识，是降低供水管道压力的有效措施之一。因此，武汉市各级人民政府应加强对节约用水工作的领导；宣传部门、新闻媒体要加大节水宣传力度，增强人们爱惜水、节约水、保护水的意识。

9）应对极端高温，强化降温措施

极端高温气候下，要把防暑降温作为工作的重中之重，既要保证工程进度，更要保护工人安全。对此，武汉市应采取相应降温措施来保障高温作业人员人身安全。武汉市供水公司可通过提高轮班频率，减少暴晒时间，工作现场备好药物、饮料，搭盖遮阳棚等措施，保障工作人员的安全。

10）供水系统应对高温天气的应急措施案例——以南京为例

供水系统的正常运行是城市建设和社会发展的重要保障。2013 年，随着夏季高温天气的来临及亚青会的即将召开，南京市用水需求明显增长。再者，高温多雨气候也给供水保障工作带来极大挑战。

据了解，2013 年 6 月南京市 6 家主要供水企业日均供水总量为 224.6 万立方米，而 7 月以来，日均供水总量上升到 234 万立方米。持续高温天气使南京迎来夏季供水高峰[8]。

为了保障夏季高温天气及亚青会期间的居民安全用水，南京市供水行业积极采取应对方案，具体内容如下：

针对高温天气供水工作，供水部门采取了一系列措施。首先，确保全市 6 家主要供水企业生产状况正常，以保证居民夏季用水；其次，对供水管网进行了巡查、检漏，并增加值班抢修人员，实行 24 小时随时待命；最后，建立应急送水服务机制，保证全市居民用水需求。

针对亚青会期间的供水工作，制定了"迎亚青"高温保供方案。首先，供水部门成立"迎亚青"夏季高温保供工作领导小组，保证遇到突发情况能及时联系；其次，"迎亚青"高温保供方案对辖区内自来水厂、营业所、管线所、稽查科、检测中心、供排水调度中心等在夏季保供中的职责进行了明确分工。

针对夏季高温天气及亚青会期间供水系统故障多、问题多的情况，供水部门优化了一站式服务模式，在缩减办事流程、提高工作效率的同时，免除了用户往来奔波。24 小时供水服务热线"96889611"和"12345"实现联通对接，严格履行首问负责制。

（2）医疗系统应对高温天气的措施

极端高温天气对人体健康的危害性及人体舒适度产生了严重的影响，尤其是对老年人和婴幼儿，所以在高温天气中，居民、社区和医疗机构要采取一些措施来降低极端高温天气对身体健康及日常生活的影响。

1）发挥政府职能，建立多部门协调的应对机制，以实现相关部门协调配合。例如，气象部门要加强预测预报，广播、电视、报纸、网络等媒体要及时发布消息，让群众提前做好防范；由社区管理部门联系当地医院、药店、超市等，免费向社区居民提供各类防暑药品和饮品；医院、社区等做好充足准备，应对因极端高温天气致病和病情加重的情况。

2）开展健康教育，提高公众对高温危害的意识，普及高温应对知识。居民要每天收看或者收听天气预报，在知道高温预警后，要采取多喝水，避免外出，开窗通风，穿凉快和浅色的衣服，使用空调、风扇等有效方式进行防护，注意膳食搭配和饮食卫生，适度锻炼，提高自身免疫能力。鼓励居民多进行游泳运动，以此达到降温避暑的目的。另外，定期组织居民学习防暑降温应急知识，及时向居民普及有效的防暑措施。

3）卫生防疫部门及医疗卫生部门开展流行性疾病预防措施。极端高温天气易造成中暑、感冒发烧、心脑血管及胃肠道等疾病的患者剧增，卫生防疫部门应继续加强高温流行病的防治工作；各级各类医疗卫生机构要加强高温中暑患者的医疗救治，加强技术力量，合理安排人员，畅通绿色通道；各急救中心要做好院前急救的各项准备工作，保证迅速出诊，妥善做好患者的救治和转运工作。

4）政府机构及医疗部门共同协作，建立强大的呼叫中心，更好地为在高温天气下需要帮助的居民服务。让居民可以享受到医疗上门服务福利。例如，Verizon 公司在 2006 年帮助美国红十字会部署了一个可在 10 天内处理 100 万个请求的呼叫中心，以便更好地为公众提供服务[6]。

5）各级卫生行政部门和医疗机构为应对高温天气要做好医务人员调配和门诊、急诊安排，要加强对中暑患者的医疗救治，要强化门诊、急诊管理，使中暑患者得到及时、有效的救治；做好急救药品储备，确保急救设施和设备处于完好状态；加强门诊、急诊服务能力，优化服务流程，简化环节，提高效率，缩短患者各种等候时间；门诊、急诊量大的医疗机构要做好患者的疏导和管理；提供温度适宜的就诊、治疗和康复环境[9]。

7.2　城市布局中如何考虑城市生命线建设以应对极端季候天气

城市生命线系统作为城市安全健康、持续发展的基础条件之一，对城市安全环境的构建和城市功能的顺利实现具有基础性保障作用。完善的城市生命线系统毫无疑问可以提高城市运行的安全性，增强城市居民的安全感和幸福感；可以确保城市作为区域的经济、政治、文化中心的基本功能顺利实现，有利于提升城市的地位。随着城市规模的不断扩大，城市人口的急速增长，伴随而来的必定是住房、道路、绿地等基础设施的逐步完善，那么城市生命线的合理布局关系到未来更大规模城区的健康发展，并保障极端高温天气下人们正常有序的生活。新城区城市生命线的规划布局主要涉及以下几个方面：

7.2.1　扩大城市绿地面积，形成合理的绿化空间结构

针对武汉市现有绿地状况，建设"绿色空间网络"，通过城市中绿色廊道将原本孤立分散的绿地与城市外围的自然环境联系起来，最终形成一个绿色网络。这需要依据武汉市的山体、水体、道路和既有绿地分布状况而定。除了建设大尺度的绿色空间网络外，城市内部亦可视具体情况进行中小尺度的绿化，如社区绿化、屋顶绿化等，从而实现大、中、小3种尺度绿地的有机相连。

7.2.2　科学建立城市生态廊道系统

充分利用城市的大气环境容量及自净能力，及时分散热量。如在道路两旁植树绿化，在市区建人工湖，但在湖区周围不宜建高大的建筑物或构筑物。根据本区域的主导风向等因素规划城市道路系统。拓宽市内道路，形成畅通城市的"通风道"，并尽可能扩大城市水面，有效改善高温效应。

我国相继已有武汉[10]、香港[11]、长沙[12]、重庆[13]、深圳[14]等城市开展了通风道规划。为了提高环境的舒适性、节约能源资源、减轻环境污染，特别是为了避免城市雾霾天气，贵阳市政府自2013年10月起组织开展了贵阳市通风道专项规划，规划思路如图7-6所示。该规划研究项目从贵阳市自然环境、气象条件等方面出发，利用中尺度气象模拟模型WRF（Weather & Research and Forecasting Model）对贵阳市城区范围内的风环境进行模拟，并对贵阳市城市气候现状进行了分析。

贵阳市属亚热带湿润温和型气候。夏无酷暑，冬无严冬，全年平均气温为15.3℃，全年各月平均气温在4.6～23.7℃。贵阳市年平均相对湿度为77%，

年平均降水量为 1129.5mm，处于费德尔环流圈，常年受西风带控制，然而贵阳市西南部地势偏高，市内风速偏低，全年平均风速 2.49m/s。贵阳市冬季以东风、东北风为主，夏季以南风为主。贵阳市受山地地形影响，近地层粗糙度大，风速随高度在 0 ～ 200m 内每升高 100m 仅增加 0.9m/s（冬季）至 1.6m/s，在 200 ～ 600m 内每升高 100m 仅增加 0.3m/s（冬季）至 1.2m/s。近地层风速垂直切变小，导致由动力因素引起的大气湍流运动弱，因此大气污染物在垂直方向的扩散能力较差。

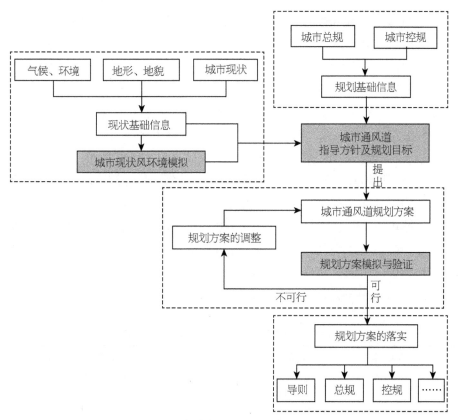

图 7-6　贵阳市城市通风道规划设计方法示意

　　为了解贵阳市各区域风环境现状，项目组对贵阳市风环境进行了模拟，通过对贵阳市冬季、夏季 10m 高度处风速结果的分析，找到贵阳市内亟须改善通风的区域，如书末彩图 7-7 所示。

图 7-7（a）显示的是冬季下午 3 时左右贵阳市范围内风速情况。在该时刻，贵阳风速情况不太理想，大部分区域小于 2.0m/s。其中龙洞堡、永乐乡、火车北站、长坡岭等区域情况最严重。老城区存在风向辐合、易造成污染物堆积的情况。图 7-7（b）显示的是夏季下午 3 时左右贵阳市范围内的风速情况，在该时刻贵阳市以南风及东南风为主，风速较低区域包括龙洞堡西北角、小河、西南商贸城、长坡岭、环保科技园等。

针对以上列举的城市通风影响因素并结合贵阳市实际情况，总结出以下 3 点贵阳市通风道规划基本指导方针和规划目标：①保外围。贵阳市自然资源进一步完善，已有多个环城林带及组团间绿化隔离带（彩图 7-8a），应充分利用这些天然绿化屏障隔离污染，为城市提供新鲜清爽的空气。②疏道道。结合贵阳市地形地貌，整合贵阳市内河流、水库、湿地公园、山谷等形成连续送风通道，如十里河滩自然风道、南明河自然风道、阿哈水库自然风道、小关湖自然风道等（彩图 7-8b）。除此之外还需要依托人工建设的铁路、城市主干路等形成人工风道，如二戈寨编组站人工风道、甲秀南路人工风道、川黔铁路人工风道等。③控建设。为了建设合理的城市通风道，对建筑密度、建筑布局、建筑高度、空地率等各项指标须进行严格控制，并结合城市各类绿地、河湖水系、道路等，形成点、线、面相结合的网络空间，以此加强空气微循环。

建设城市通风道之后，冬季贵阳市老城区内平均风速的改善比例高达 12%，高于全市平均改善比例（8%）。夏季贵阳市通风道对于老城区的风环境改善作用较全市大部分区域更为明显，老城区内平均风速的改善比例高达 9%，高于全市平均改善比例（6%），如表 7-1 所示。

表 7-1 贵阳市加设通风道前、后风速变化情况

风速改善情况 （m/s）		最高风速差 （m/s）	最低风速差 （m/s）	平均风速差 （m/s）	风速改善比例 （%）
冬季	全市平均	0.30	0.001	0.16	8
	老城区	0.43	0.003	0.12	12
夏季	全市平均	0.44	0.0007	0.18	6
	老城区	0.87	0.0009	0.26	9

通过研究加设通风道前、后平均风速变化情况（图 7-9）可以看出，相较于

冬季有序的风速日变化，夏季情况更显紊乱无章。加设通风道对于改善通风的明显作用仅出现在上午 10 时至下午 5 时左右，通风道对夏季夜晚风速的增长作用并不如冬季明显。因此，夏季夜晚城市通风道可能无法充分发挥其城市排浊、清洁空气的作用。然而在白天，由于通风道的作用，风速存在显著的提高，这对于城市降温能起到较为积极的作用。

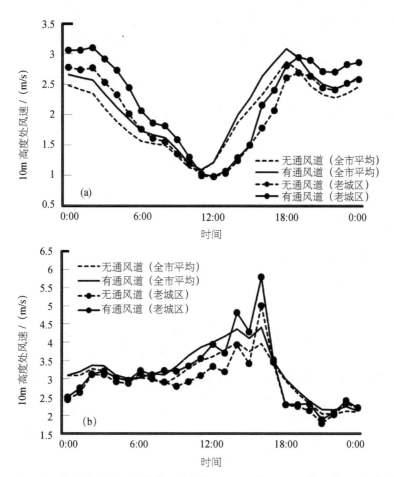

图 7-9 贵阳市加设通风道前、后冬季（a）夏季（b）平均风速日变化规律

因此，根据城市的主导风向，在市区逐步建立合理的生态廊道体系，将市外围（盛泰腹地）凉爽、洁净的空气引入城市内部，有效减缓城市内部的热岛效应，从而有效减轻极端高温天气带来的热效应。同时，可促进城市与外围的物质、能量流动，使生态系统得以恢复和完善，有助于降低高温天气带来危害的风险。

7.2.3 搞好城市规划与布局

"多中心、组合式、紧凑型"的城市形态更加适合未来城市的发展，且对极端高温天气具有良好的适应能力。

（1）城市工程区改造

面对日渐扩大的城市范围，需要合理控制城市规模，杜绝城市主城区的无限蔓延，并建设功能较为完善的新城区，结合产业外迁等来分担主城区的人口、产业负担。新城区与主城区之间应间隔适当的距离并且利用绿化带、农田等相互隔离，同时将主城区向着紧凑型城市发展。而城市改造所节省出的土地可用于完善城市绿色走廊、公园等基础设施的建设，从而优化城市结构，扩展绿地面积，增强对极端高温天气的适应能力。

（2）城市住宅区优化

严格控制武汉市的人口规模与人口增长速度，加强流动人口的管理。降低市中心区域的人口密度和建筑密度，疏散政府部门，对于居民住宅，应以多层和高层为主，降低住宅密度。

7.2.4 完善公共交通

通过抑制小汽车数量的膨胀、大力发展公共交通等措施可减少城市交通热量的排放，同时有利于适应性规划和紧凑型城市建设。优化公共交通建设，并制定相关鼓励政策，引导民众逐步、有序地减少私家车的使用频率，提升公共交通的分担率。在车辆年检时从严把关，淘汰不合格车辆，既可以节约能源、减少汽车产生热量、缓解高温效应，又可以减轻交通拥挤状况、改善局部范围内的高温危害。

参考文献

[1] 伊文.高温下建筑施工健康安全管理与成熟度评价 [M] .重庆：重庆大学，2010，11.

[2] 黄朝迎.北京地区 1997 年夏季高温及其对供电系统的影响 [J] .气象，1999，25 (1)：21-25.

[3] 文斌.四川省输气管道安全管理现状及对策研究 [M] .成都：西南交通大学，2015，1.

[4] 曹晓燕.澳大利亚长输管道标准体系的建设与管理 [J].中国标准化，2007（5）：75-76.

[5] 张瑞芬.通讯设备故障监控系统扩容及日常使用维护 [J].内蒙古石油化工，2010，36（17）：71-73.

[6] 刘伟.通信网络安全和应急保障方案研究 [J].四川省通信学会，2009（1）：47-50.

[7] 李长青.城市节水刻不容缓 [N].工程与建设，2001（4）：7-8.

[8] 宁建新.供水燃气行业全力保供应对高温"烤"验 [N].南京日报，2013.

[9] 金振娅.卫生部紧急应对高温酷暑 [N].光明日报，2010.

[10] 李鹏，余庄.基于气候调节的城市通风道探析 [J].自然资源学报，2006，21（6）：991-997.

[11] Edward Ng, Chao Yuan, Liang Chen, et al. Improving the wind environment in high-density cities by understanding urban morphology and surface roughness: A study in Hong Kong[J]. Landscape and Urban Planning，2011，101：59-74.

[12] 乐地，李念平，苏林，等.基于道路布局的城市区域热环境数值模拟研究 [J].湖南大学学报（自然科学版），2012，39（1）：27-31.

[13] 陈士凌.适于山地城市规划的近地层风环境研究 [D].重庆：重庆大学，2012.

[14] 石华.基于深圳市道路气流特征的城市通风网络模型研究 [D].重庆：重庆大学，2012.

第八章 应对城市极端高温天气事件的预警方法研究——以武汉为例

极端高温天气给武汉市的生产、发展、运转产生了巨大影响，给人民的生命财产安全、生产生活造成了严重破坏，对政府应对极端气候事件的能力和风险管理提出了新的挑战。因此，研究武汉市极端高温事件的区域分布、发生与演变规律、预警措施显得尤为重要。

8.1 数据收集与处理

数据集主要包括气象站点信息数据集与气象站点（1976—2016 年）逐日实测最高气温数据集。其中气象站点信息数据集主要包括站点名称、经度、纬度、高程、始测年份、始测月份、最后年份、最后月份和缺测情况说明。气象站点始测数据集主要包括站点名称、年份、月份、日、日最高气温等信息。

数据处理的元数据为逐站点逐年、逐月、逐日的气温记录，为了进行时空演变特征分析及风险分析，本研究主要基于 Matlab 软件强大的编程和数据处理能力，进行了相关数据的检验和剔除操作，进而进行高温日数、酷暑日数、年高温极值统计分析，在 Excel 和 Excel VBA 语言的帮助下进行相应的数据统计操作，利用 Pearson- Ⅲ概率计算软件进行高温日数与年高温极值概率计算，结合 ArcGIS 软件统计分析 "Geostatistical Analyst" 模块的 "Geostatistical Wizard" 工具进行空间插值，运用空间分析 "Spatial Analyst" 模块中的 "Reclassify" 重分类工具实现极端高温危险性定量指标的定性分析，将插值图层分别移到矢量和栅格图层以便出图、统计面积等操作，绘制出武汉市高温极端天气时空分布变化图。

8.2 武汉市高温预警研究方法

8.2.1 武汉市高温极端天气时空变化规律研究

Pearson- Ⅲ型概率计算在气象学研究中有着广泛的应用，主要应用于水文方面降雨量的估算，而近几年，在高温极值研究中也开始使用这种概率方法。其概率分布具有广泛的概况和模拟能力，在气象上常用来拟合年、月气象要素的极值分布。采用极端高温的时空分布，来研究分析武汉市高温极端天气的月积分布和地理位置。

Pearson-Ⅲ分布的概率密度函数和保证率函数分布分别为

$$\int(x) = \frac{\beta^{\alpha}}{\Gamma(\alpha)}(x-x_0)^{\alpha-1}\mathrm{e}^{-\beta(x-x_0)} \quad \partial > 0 \quad x \geqslant x_0 \qquad \text{式 (8-1)}$$

和

$$P(x \geqslant \chi_p) = \frac{\beta^{\alpha}}{\Gamma(\alpha)}\int_{\chi_p}^{\infty}(x-x_0)^{\alpha-1}\mathrm{e}^{-\beta(x-x_0)}\mathrm{d}_{\chi} \qquad \text{式 (8-2)}$$

其中参数 x_0 是随机变量 x 所能取的最小值，∂ 称为形状参数，β 为尺度参数，$\Gamma(\alpha)$ 是伽马函数。用矩法可得 3 个参数的表达式

$$\alpha = 4/C_s^2 \qquad \text{式 (8-3)}$$

$$\beta = 2/\sigma_{C_S} \qquad \text{式 (8-4)}$$

$$\chi_0 = m\left(1 - \frac{2C_v}{C_S}\right) \qquad \text{式 (8-5)}$$

式中：m 为数学期望，σ 为均方差，C_s 为偏态系数，C_v 为变差系数。其估计量分别为

$$\hat{m} = \bar{x} = \frac{1}{n}\sum_{i=1}^{n}x_i \qquad \text{式 (8-6)}$$

$$\hat{\sigma} = s = \sqrt{\frac{1}{n}\sum_{i=1}^{n}(x_i-\bar{x})^2} \qquad \text{式 (8-7)}$$

$$\hat{C_v} = \hat{\sigma}/\hat{m} = s/\bar{x} \qquad \text{式 (8-8)}$$

$$\hat{C_S} = \frac{1}{n}\sum_{i=1}^{n}(x_i-\bar{x})^3 \Big/ \left[\frac{1}{n}\sum_{i=1}^{n}(x_i-\bar{x})^2\right]^{3/2} \qquad \text{式 (8-9)}$$

因偏态系数含有三阶样本矩，易造成较大的抽样误差，样本实测值与分布值之间可能存在较大误差，故常需对拟合的线性估计参数值做适当调整，以取得较

理想的分布曲线，称为适线法。

　　Pearson-Ⅲ型概率计算要求样本不得低于 30 个。基于这个基本要求，本研究选取 1976—2016 年 40 年间武汉市日气温数据，通过 Pearson-Ⅲ模型计算各站点不同概率下的年高温日数、年酷暑日数和年极端高温值。基于 Matlab 和 Excel 软件及其编程进行各站点逐年、逐月高温日数和酷暑日数统计，采用克里格空间插值方法，利用 ArcGIS 空间分析功能，对极端高温进行空间分布和空间演变特征研究，并绘制武汉市极端高温天气时空分布图。

8.2.2　武汉市极端高温气候发展规律研究

　　使用武汉市气象局观象台 1976—2016 年的逐日实测资料，基于上述 Pearson-Ⅲ型模型所研究的武汉市极端高温天气的时空分布，使用趋势分析、相关分析方法，研究武汉市近 40 年来极端高温天气的变化趋势，并运用 Morlet 小波分析方法，分析研究武汉市极端高温天气在近 40 年中的周期性变化趋势，获得极端高温天气发展演化曲线及概率分析图。

8.2.3　武汉市极端高温天气预警能力研究

　　基于 Pearson-Ⅲ型模型所模拟的武汉市高温极端天气时空分布图，确定武汉市全年重点高温月份，并通过多情景分析方法设置温度（T）、水汽压（E）、气压（p）等变化因素，进一步分析武汉市高温月份中日气温变化趋势，保证极端高温天气预警能力。

8.2.4　武汉市高温极端天气预警评估模型

　　根据层次结构分析法及权重分析法，最终建立的极端高温天气灾害预警评估模型为

$$A=0.4403I_s + 0.2789V_T + 0.1797D_R + 0.0525T + 0.0484W \qquad 式（8-10）$$

$$D_R = 1 - D_0 \times R_d \qquad 式（8-11）$$

$$W = 0.6Q + 0.4I \qquad 式（8-12）$$

　　其中，A 为灾害评估指数值，I_s 为高温强度，V_T 为城市生命线脆弱度，D_R 为减灾能力，T 为发生时间，W 为预警能力。D_0 为当前减灾指数，可以简单地用当前国内生产总值（GDP）来反映，这里直接引用扈海波的地均 GDP（单位：

万元 /km²）数据进行估算。R_d 为减灾发展系数，Q 为预报预警质量，I 为信息传播能力。A 值越高，极端高温灾害对城市生命线运行的影响越大，并按表 8-1 中分级标准，确定相应的高温灾害预警评估等级。

表 8-1　高温灾害预警评估等级划分

影响等级	A	评估等级
轻微或无	＜ 4.00	1
一般	4.00 ～ 5.50	2
较严重	5.51 ～ 6.50	3
严重	6.51 ～ 7.50	4
非常严重	＞ 7.50	5

8.2.5　武汉市高温极端天气预警政策措施

（1）建立健全高温灾害城市预警管理的体制

1）根据极端高温天气预警评估等级，制定高温灾害应对措施。

2）建立城市极端高温灾害预警管理体系要明确相应的组织机构、参加单位、人员及作用，应急反应总负责人，以及每一具体行动的负责人。还应明确本区域以外能够提供援助的有关机构，政府和其他相关组织在灾害应急中各自的职责。

3）要考虑高温灾害预警管理的组织层次，即灾害管理的领导机构、执行机构、办事机构，它们共同构成一个科学的组织智慧体系。

4）对高温灾害城市预警组织体系实行纵向和横向相结合的管理。

（2）建立健全高温灾害城市预警管理的法制

1）政府只有明确了权利和责任，高温灾害预警管理体系才能真正地起作用。通过立法的形式，固化和细化政府和相关人员的责权，并且确立气象风险机构的法律地位。

2）高温灾害带来的教训使人们意识到加强法律法规体系建设的必要性和紧迫性。需要进一步明确政府和相关部门的责任和义务，厘清职能和部分交叉的地方。要建立跨省的联动机制，实现真正的协同有效。

3）需要加强相关知识的普及和宣传，使人民群众在遇到类似情况时，能够更好地保护自己的生命和财产安全。

4）各级政府特别是基层政府要具体落实各项预案，做好相应的演练和安全措施的落实工作。

（3）建立高温灾害城市预警管理的机制

依据协同学和公共危机管理的相关理论，在遇到高温灾害时，需要动员政府各部门、人民群众投入到风险管理中来。通过良好的互动，实现各种体制机制的完善，包括预警机制、处置机制、评估机制、保障机制、社会参与机制等。按照预案、提前演练发现的问题，及时完善、细化工作流程，发挥其真正的功效。

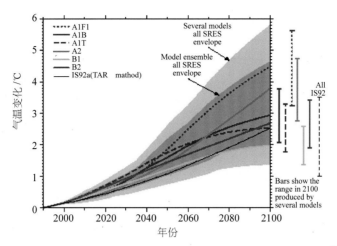

图 1-2　几种不同的气候模型对于下 100 年全球气温变化的预测[1]

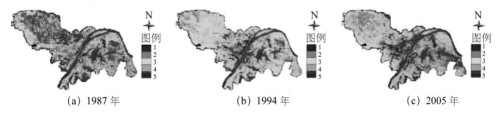

(a) 1987 年　　　　　　　(b) 1994 年　　　　　　　(c) 2005 年

图 2-1　武汉市不同年份的热岛强度等级分布卫星遥感反演[6]

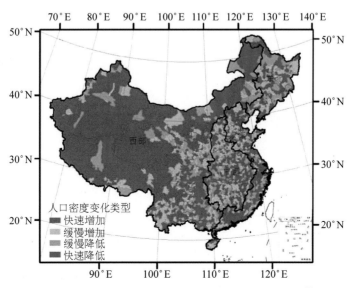

图 3-4　2000—2010 年中国分县人口密度变化空间格局[9]

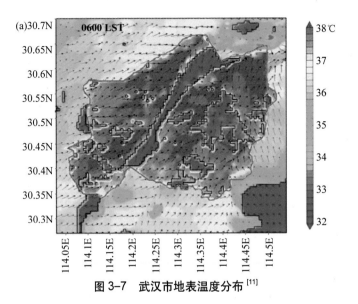

图 3-7　武汉市地表温度分布 [11]

图 3-8　大连市中山广场及人民路的城市形态与风环境模拟 [13]

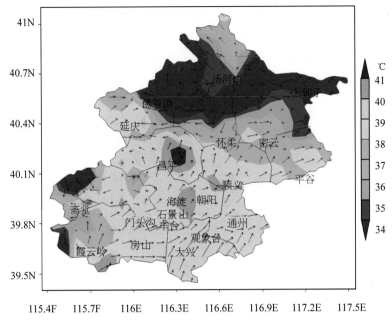

图 3-12　自动气象站观测的 2009 年 6 月 24 日 16 时（北京时间）2 m 气温及 10 m 风场

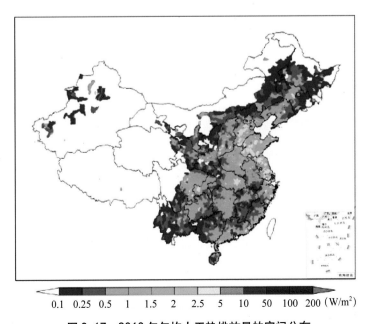

0.1 0.25 0.5 1 1.5 2 2.5 5 10 50 100 200 （W/m²）

图 3-17　2010 年年均人工热排放量的空间分布

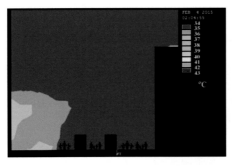

图 3-19　建筑热源和交通热源对热舒适度的影响对比

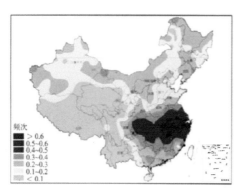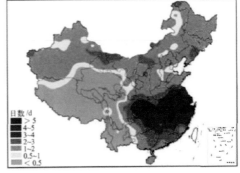

图 4-2　全国夏季高温热浪频次及热浪日数分布（1961—2010 年平均）[3]

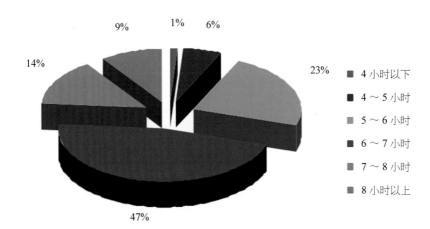

图 7-1　重庆高温下施工工时比例 [1]

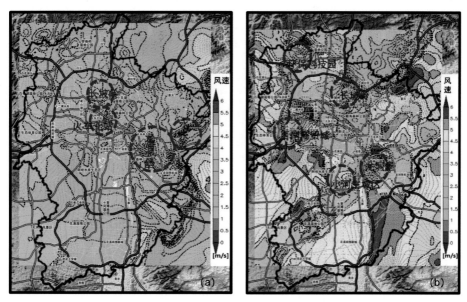

图 7-7　贵阳市冬季（a）、夏季（b）下午 3 时风速分布情况

图 7-8　贵阳市绿化隔离带（a）及水系、公园自然风道（b）